高职高专规划素材

单片机控制技术

（C 语言版）

李淑萍　王　燕　　编著
朱　宇　张筱云

苏州大学出版社

图书在版编目(CIP)数据

单片机控制技术：C语言版 / 李淑萍等编著. —苏州：苏州大学出版社,2018.12(2022.1重印)
高职高专规划教材
ISBN 978-7-5672-2686-9

Ⅰ.①单… Ⅱ.①李… Ⅲ.①单片微型计算机-计算机控制-高等职业教育-教材 Ⅳ.①TP368.1

中国版本图书馆CIP数据核字(2018)第293879号

单片机控制技术(C语言版)

李淑萍 王燕 朱宇 张筱云 编著

责任编辑 周建兰

苏州大学出版社出版发行
(地址：苏州市十梓街1号 邮编：215006)
宜兴市盛世文化印刷有限公司印装
(地址：宜兴市万石镇南漕河滨路58号 邮编：214217)

开本 787 mm×1 092 mm 1/16 印张 15.5 字数 387千
2018年12月第1版 2022年1月第2次印刷
ISBN 978-7-5672-2686-9 定价：39.00元

苏州大学版图书若有印装错误,本社负责调换
苏州大学出版社营销部 电话：0512-67481020
苏州大学出版社网址 http://www.sudapress.com
苏州大学出版社邮箱 sdcbs@suda.edu.cn

前 言
Preface

单片机课程是工科电类专业一门很重要的专业核心课,它把模数电知识、编程知识、微型计算机知识、通信技术知识等综合在一起,属于学术性、综合性、实践性、工程性很强的一门课程。

本书以"理论够用、突出实践"为原则,在内容组织、结构编排及表达方式等方面具有一定的特色。全书提供了较多的演练项目。演练项目有基本项目和综合演练项目两类,在难度上予以区分,知识点被均匀地分布到各项目之中。演练项目的选择具有代表性和典型性,既可独立演练,又可以组合应用。各项目在任务实施过程中先经过软件调试平台 Keil μVision3 调试,然后在硬件仿真平台 Proteus ISIS 上进行仿真,通过仿真结果验证该项目软硬件的正确性。这些项目均可以让学生在硬件电路上仿真或下载到硬件电路中调试验证。学生既可以自行搭建硬件电路,也可以采用已有的开发板。

本书采用 C 语言编程,按单片机知识体系结构划分为 11 章,分别是初识 51 系列单片机、单片机开发工具及系统设计方法、单片机程序设计——C51 语言基础、单片机的 I/O 口——输出口的基础应用、单片机的 I/O 口——输入口的基础应用、单片机中断系统的应用、单片机定时/计数器的应用、单片机串行口的应用、单片机输入/输出口的高级应用、单片机 A/D 接口电路设计以及单片机 D/A 接口电路设计,涵盖的理论知识全面。

本书由李淑萍、王燕、朱宇、张筱云编著。李淑萍老师负责本书的统稿和总体规划,并编写了第 1 章、第 4 章至第 9 章,张筱云编写了第 2 章至第 3 章,王燕老师编写了第 10 章、第 11 章,并负责课程课件的制作和项目的仿真调试。朱宇老师负责资料的收集和部分用图的绘制。时文华老师负责部分项目素材的提供。本书可作为电子相关专业学生的单片机教学用书,也适合作为高校教师和从事单片机应用研究人员和工程技术人员的参考书。

本书是江苏省现代职业教育体系建设项目的成果之一,在编写过程中,参阅了许多同行专家们的论著文献,参考了部分网络资料,同时也得到了诸多合作企业的支持,在此一并真诚致谢!限于编者的学识水平和实践经验,书中存在疏漏和错误,敬请广大读者批评指正。

编 者
2018 年 10 月

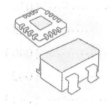

目 录

第 1 章 初识 51 系列单片机 (001)

【学习目标】 (001)

1.1 单片机概述 (001)
- 1.1.1 单片机定义及其特点 (001)
- 1.1.2 单片机的发展历史 (002)
- 1.1.3 单片机的发展趋势 (002)
- 1.1.4 单片机的应用领域 (003)
- 1.1.5 单片机的主要厂商和机型 (004)

1.2 51 系列单片机的结构 (006)
- 1.2.1 单片机的功能特点 (006)
- 1.2.2 单片机的内部结构 (007)
- 1.2.3 单片机的引脚概述 (010)
- 1.2.4 单片机最小系统硬件组成 (011)

1.3 51 系列单片机的存储器配置 (014)
- 1.3.1 单片机存储器的组织形式 (014)
- 1.3.2 程序存储器(ROM) (015)
- 1.3.3 片内数据存储器(片内 RAM) (016)
- 1.3.4 片外数据存储器(片外 RAM) (021)

1.4 51 系列单片机的工作时序 (021)

【单元小结】 (022)

【习题】 (022)

第 2 章 单片机开发工具及系统设计方法 (024)

【学习目标】 (024)

2.1 单片机开发工具 (024)
- 2.1.1 软件开发工具 Keil μVision3 简介 (024)

2.1.2 Keil μVision3 的使用方法 (025)
  2.1.3 仿真开发工具 Proteus ISIS 简介 (036)
  2.1.4 Proteus ISIS 的使用方法 (038)
  2.1.5 目标代码下载与调试方法 (040)
 2.2 单片机应用系统设计 (042)
  2.2.1 单片机应用系统的组成 (042)
  2.2.2 单片机应用系统的设计原则 (042)
  2.2.3 单片机应用系统的设计方法 (043)
  2.2.4 单片机应用系统的调试方法 (045)
 2.3 项目演练：信号灯控制器的设计 (047)
【单元小结】 (051)
【习题】 (051)

第3章 单片机程序设计——C51语言基础 (052)

【学习目标】 (052)
 3.1 C51 语言初步 (052)
  3.1.1 程序设计的基本概念 (052)
  3.1.2 C51 语言程序结构 (053)
 3.2 标识符、关键字与数据类型 (054)
  3.2.1 标识符与关键字 (054)
  3.2.2 数据类型 (056)
 3.3 常量、变量及其存储模式 (058)
  3.3.1 常量 (058)
  3.3.2 变量及其存储类型 (059)
  3.3.3 系统默认的存储器模式 (060)
  3.3.4 变量的作用范围及变量的存在时间 (061)
 3.4 运算符与表达式 (062)
 3.5 基本语句 (064)
  3.5.1 条件判断语句(if … else …) (064)
  3.5.2 开关语句(switch) (065)
  3.5.3 循环语句 (065)
  3.5.4 break、continue 和 goto 语句 (066)
 3.6 数组 (067)
 3.7 函数 (067)
  3.7.1 函数的定义 (067)
  3.7.2 函数的调用 (069)

3.7.3　对被调用函数的说明 ………………………………………………………………（069）
　3.8　指针 ……………………………………………………………………………………………（070）
　　　3.8.1　指针变量的定义 …………………………………………………………………………（070）
　　　3.8.2　指针变量的引用 …………………………………………………………………………（071）
　　　3.8.3　指针与数组 ………………………………………………………………………………（072）
　【单元小结】………………………………………………………………………………………………（072）
　【习题】……………………………………………………………………………………………………（073）

第4章　单片机的I/O口——输出口的基础应用 ……………………………………（075）

　【学习目标】………………………………………………………………………………………………（075）
　4.1　并行I/O口结构及功能特点 …………………………………………………………………（075）
　4.2　单片机控制LED ………………………………………………………………………………（078）
　　　4.2.1　发光二极管（LED）的基本知识 ………………………………………………………（078）
　　　4.2.2　项目演练：闪烁信号灯控制器的设计 …………………………………………………（079）
　　　4.2.3　项目演练：跑马灯控制器的设计 ………………………………………………………（081）
　4.3　LED数码管显示器的设计 ……………………………………………………………………（085）
　　　4.3.1　LED数码管的结构与工作原理 …………………………………………………………（085）
　　　4.3.2　项目演练：LED数码管显示器的设计 …………………………………………………（086）
　4.4　单片机控制蜂鸣器 ……………………………………………………………………………（089）
　　　4.4.1　蜂鸣器及其驱动电路 ……………………………………………………………………（089）
　　　4.4.2　项目演练：声音报警器的设计 …………………………………………………………（089）
　【单元小结】………………………………………………………………………………………………（092）
　【习题】……………………………………………………………………………………………………（092）

第5章　单片机的I/O口——输入口的基础应用 ……………………………………（093）

　【学习目标】………………………………………………………………………………………………（093）
　5.1　单片机的输入口的结构与功能特点 …………………………………………………………（093）
　5.2　按键的输入电路设计 …………………………………………………………………………（094）
　　　5.2.1　闸刀开关与按键开关 ……………………………………………………………………（094）
　　　5.2.2　按键及输入电路设计 ……………………………………………………………………（094）
　　　5.2.3　按键的消抖处理 …………………………………………………………………………（095）
　　　5.2.4　项目演练：键控信号灯的设计（键控灯亮）……………………………………………（096）
　　　5.2.5　项目演练：键控信号灯的设计（考虑对按键消抖和按键释放的判断）……………（097）
　　　5.2.6　项目演练：键控信号灯的设计（一键多功能）…………………………………………（099）
　5.3　综合项目演练：花样彩灯控制器的设计 ……………………………………………………（103）
　【单元小结】………………………………………………………………………………………………（107）

【习题】 ……………………………………………………………………………………（107）

第6章 单片机中断系统的应用 ……………………………………………（108）

【学习目标】 ………………………………………………………………………（108）
6.1 单片机中断系统概述 …………………………………………………………（108）
6.1.1 中断的概念 …………………………………………………………（108）
6.1.2 中断源 …………………………………………………………………（109）
6.1.3 中断的特点 …………………………………………………………（109）
6.1.4 中断优先权 …………………………………………………………（110）
6.1.5 中断嵌套 ……………………………………………………………（110）
6.2 51系列单片机的中断系统 ……………………………………………………（110）
6.2.1 单片机的中断系统结构与控制 ……………………………………（110）
6.2.2 单片机的中断处理过程 ……………………………………………（113）
6.2.3 单片机中断请求的撤除 ……………………………………………（115）
6.3 51系列单片机中断系统软件设计方法 ………………………………………（116）
6.3.1 中断系统的初始化编程 ……………………………………………（116）
6.3.2 中断服务程序的编写 ………………………………………………（117）
6.4 综合项目演练：带应急信号处理的交通灯控制器的设计 …………………（119）
【单元小结】 ………………………………………………………………………（127）
【习题】 ……………………………………………………………………………（127）

第7章 单片机定时/计数器的应用 ………………………………………（129）

【学习目标】 ………………………………………………………………………（129）
7.1 51系列单片机定时/计数器的结构与工作原理 ………………………………（129）
7.1.1 定时/计数器的结构 …………………………………………………（129）
7.1.2 定时/计数器的工作原理 ……………………………………………（130）
7.2 51系列单片机定时/计数器的控制 ……………………………………………（131）
7.3 51系列单片机定时/计数器的工作方式 ………………………………………（132）
7.4 51系列单片机定时中断系统软件设计方法 …………………………………（134）
7.4.1 定时/计数器的初始化 ………………………………………………（135）
7.4.2 定时/计数器的应用 …………………………………………………（136）
7.5 综合项目演练：电子秒表的设计 ……………………………………………（137）
【单元小结】 ………………………………………………………………………（142）
【习题】 ……………………………………………………………………………（143）

第8章 单片机串行口的应用 ………………………………………………（145）

【学习目标】 ………………………………………………………………………（145）

8.1 串行通信的基本知识 …………………………………………………… (145)
    8.1.1 串行通信的概念 ……………………………………………… (145)
    8.1.2 串行通信的分类 ……………………………………………… (146)
    8.1.3 串行通信的传输方式 ………………………………………… (147)
    8.1.4 串行通信接口标准 RS-232 接口 ……………………………… (148)
8.2 51 系列单片机的串行通信接口 ………………………………………… (150)
    8.2.1 单片机的串行口及控制寄存器 ……………………………… (150)
    8.2.2 串行口的工作方式 …………………………………………… (152)
    8.2.3 串行通信的波特率 …………………………………………… (153)
    8.2.4 串行口的初始化 ……………………………………………… (154)
8.3 综合项目演练：单片机与 PC 的通信 …………………………………… (154)
【单元小结】 ………………………………………………………………… (159)
【习题】 ……………………………………………………………………… (159)

第 9 章 单片机输入/输出口的高级应用 ……………………………… (161)

【学习目标】 ………………………………………………………………… (161)
9.1 LED 数码管显示方式 …………………………………………………… (161)
    9.1.1 静态显示与动态显示 ………………………………………… (161)
    9.1.2 51 系列单片机与 LED 数码管静态显示接口 ………………… (162)
    9.1.3 51 系列单片机与 LED 数码管动态显示接口 ………………… (163)
9.2 键盘扫描 ………………………………………………………………… (168)
    9.2.1 键盘的结构与工作原理 ……………………………………… (168)
    9.2.2 51 系列单片机与独立按键键盘的接口 ……………………… (169)
    9.2.3 51 系列单片机与行列矩阵键盘的接口 ……………………… (169)
9.3 综合项目演练：多功能数字电子钟的设计 …………………………… (172)
9.4 单片机与字符型液晶显示器接口的设计 ……………………………… (184)
    9.4.1 字符型液晶显示器概述 ……………………………………… (184)
    9.4.2 LCD1602 字符型液晶显示器的控制 ………………………… (184)
9.5 时钟芯片 DS1302 ………………………………………………………… (187)
    9.5.1 DS1302 芯片简介 ……………………………………………… (187)
    9.5.2 DS1302 的控制函数 …………………………………………… (189)
9.6 综合项目演练：万年历的设计 ………………………………………… (191)
【单元小结】 ………………………………………………………………… (199)
【习题】 ……………………………………………………………………… (200)

第 10 章 单片机 A/D 接口电路设计 …………………………………… (202)

【学习目标】 ………………………………………………………………… (202)

10.1　A/D 转换芯片的结构与工作原理 ……………………………………（202）
　　10.1.1　A/D 转换器概述 ……………………………………………………（202）
　　10.1.2　典型 A/D 转换器芯片 ADC0809 …………………………………（202）
10.2　51 系列单片机与 ADC0809 的接口 ………………………………………（204）
　　10.2.1　8 路模拟通道选择 ……………………………………………………（204）
　　10.2.2　转换数据的传送 ………………………………………………………（205）
10.3　综合项目演练：电压报警器的设计 …………………………………………（207）
【单元小结】 ……………………………………………………………………………（213）
【习题】 …………………………………………………………………………………（214）

第 11 章　单片机 D/A 接口电路设计 ………………………………………（215）

【学习目标】 ……………………………………………………………………………（215）
11.1　D/A 转换芯片的结构与工作原理 ……………………………………………（215）
　　11.1.1　D/A 转换器概述及主要技术指标 …………………………………（215）
　　11.1.2　典型 D/A 转换器芯片 DAC0832 …………………………………（216）
11.2　51 系列单片机与 DAC0832 的接口 ………………………………………（218）
　　11.2.1　单缓冲方式连接 ………………………………………………………（219）
　　11.2.2　双缓冲方式的接口与应用 …………………………………………（219）
11.3　综合项目演练：多功能波形发生器的设计 …………………………………（220）
【单元小结】 ……………………………………………………………………………（230）
【习题】 …………………………………………………………………………………（230）

附录 A　51 系列单片机指令表 …………………………………………………（231）

附录 B　ASCII 码字符表 …………………………………………………………（237）

参考文献 ………………………………………………………………………………（238）

第1章 初识51系列单片机

学习目标

- 了解单片机的基本定义、发展史、应用领域和发展趋势,了解51系列单片机的特点及分类。
- 掌握AT89S51单片机的内部结构、外部引脚及其功能特点,掌握单片机最小系统硬件构建方法。
- 掌握单片机的存储器资源及分配情况,掌握部分特殊功能寄存器的功能,了解单片机的时序概念和工作过程,能灵活运用单片机的内部存储器和部分特殊功能寄存器。

1.1 单片机概述

近几年单片机以其体积微小、价格低廉、可靠性高,广泛应用于工业控制系统、数据采集系统、智能化仪器仪表及通信设备、日常消费类产品等。单片机技术开发和应用水平已成为衡量一个国家工业化发展水平的标志之一。

1.1.1 单片机定义及其特点

单片机是单片微型计算机(Single Chip Microcomputer)的简称,是指将中央处理器(CPU)、数据存储器(RAM)、程序存储器(ROM、EPROM、EEPROM或FLASH)、定时/计数器、并行/串行输入/输出口、中断部件等单元集成在一块半导体芯片上,构成一个完整的计算机系统。与通用的计算机不同,单片机的指令功能是按照工业控制的要求设计的,因此它又被称为微控制器(Micro Controller Unit)。单片机与通用微型计算机相比,在硬件结构、指令设置上均有其独到之处,主要特点如下:

(1) 单片机中的存储器ROM和RAM是严格分工的。ROM为程序存储器,只存放程序、常数及数据表格;而RAM为数据存储器,用作工作区及存放变量。

(2) 采用面向控制的指令系统。为满足控制的需要,单片机的逻辑控制能力要优于同等级的CPU,特别是单片机具有很强的位处理能力。单片机的运行速度也较高。

(3) 单片机的I/O引脚通常是多功能的。例如,通用I/O引脚可以复用作外部中断、PPG的输出口或A/D输入的输入口等。

（4）系统齐全，功能扩展性强，与许多通用的微机接口芯片兼容，给应用系统的设计和生产带来了极大的方便。

（5）单片机的应用是通用的。单片机主要作控制器使用，但功能上是通用的，可以像一般微处理器那样广泛地应用于各个领域。

1.1.2 单片机的发展历史

单片机作为微型计算机的一个重要分支，应用面很广，发展很快。自单片机诞生至今，已发展为上百种系列的近千个机种。它的产生与发展和微处理器的产生与发展大体同步，如果将8位单片机的推出作为起点，那么单片机的发展历史大致可分为以下几个阶段：

1．第一阶段（1976—1978）

初级8位单片机发展阶段。以 Intel 公司 MCS-48 为代表。MCS-48 的推出是在工控领域的探索，参与这一探索的公司还有 Motorola、Zilog 等，都取得了满意的效果。

2．第二阶段（1979—1982）

单片机的普及阶段。Intel 公司在 MCS-48 基础上推出了完善的、典型的单片机系列 MCS-51。它在以下几个方面奠定了典型的通用总线型单片机系列结构：

（1）完善的外部总线。MCS-51 设置了经典的8位单片机的总线结构，包括8位数据总线、16位地址总线、控制总线及具有多机控制通信功能的串行通信接口。

（2）CPU 外围功能单元的集中管理模式。

（3）体现工控特性的位地址空间及位操作方式。

（4）指令系统趋于丰富和完善，并且增加了许多突出控制功能的指令。

3．第三阶段（1983—1990）

8位单片机的巩固发展及16位单片机的推出阶段，也是单片机向微控制器发展的阶段。Intel 公司推出的 MCS-96 系列单片机，将一些用于测控系统的模数转换器、程序运行监视器等纳入片中，体现了单片机的微控制器特征。随着 MCS-51 系列的广泛应用，许多电器厂商竞相使用80C51为内核，将许多测控系统中使用的电路技术、接口技术、多通道 A/D 转换部件、可靠性技术等应用到单片机中，增强了外围电路功能，强化了智能控制器的特征。

4．第四阶段（1991—）

微控制器的全面发展阶段。随着单片机在各个领域全面、深入地发展和应用，出现了高速、大寻址范围、强运算能力的8位/16位/32位通用型单片机，以及小型廉价的专用型单片机。

1.1.3 单片机的发展趋势

目前，单片机正朝着高性能和多品种方向发展，今后单片机的发展趋势将进一步向 CMOS 化、低功耗、小体积、大容量、高性能、低价格和外围电路内装化等几个方面发展。下面是单片机的主要发展趋势。

1．CMOS 化

CMOS 电路的特点是低功耗、高密度、低速度、低价格，单片机芯片多数采用 CMOS（金属栅氧化物）半导体工艺生产。采用双极性半导体工艺的 TTL 电路速度快，但功耗和芯片面积较大。随着技术和工艺水平的提高，又出现了 HMOS（高密度、高速度 MOS）、CHMOS

工艺。CHMOS 是 CMOS 和 HMOS 工艺的结合。因而,在单片机领域 CMOS 正在逐渐取代 TTL 电路。

2．低功耗化

单片机的功耗已从毫安级降到微安级以下,使用电压在 3～6V 之间,完全适应电池工作。低功耗化的效应不仅功耗低,而且带来了产品的高可靠性、高抗干扰能力以及产品的便携化。

3．低电压化

几乎所有的单片机都有 WAIT、STOP 等省电运行方式。允许使用的电压范围越来越宽,一般在 3～6V 范围内工作。低电压供电的单片机电源下限已达 1～2V。目前 0.8V 供电的单片机已经问世。

4．低噪声与高可靠性

为提高单片机的抗电磁干扰能力,使产品能适应恶劣的工作环境,满足电磁兼容性方面更高标准的要求,各单片机厂家在单片机内部电路中都采取了新的技术措施。

5．大容量化

以往单片机内的 ROM 为 1～4KB,RAM 为 64～128B。但在需要复杂控制的场合,该存储容量是不够的,必须进行外部扩充。为了适应这种领域的要求,须运用新的工艺,使片内存储器大容量化。目前,单片机内 ROM 最大可达 64KB,RAM 最大可达 2KB。

6．高性能化

主要是指进一步改进 CPU 的性能,加快指令运算的速度和提高系统控制的可靠性。采用精简指令集(RISC)结构和流水线,可以大幅度提高运行速度。现指令速度最高已达 100MIPS(Million Instruction Per Seconds,即兆指每秒),并加强了位处理功能、中断定时控制功能。这类单片机的运算速度比标准的单片机高出 10 倍以上。

7．小容量、低价格化

与上述相反,以 4 位、8 位机为中心的小容量、低价格化也是发展方向之一。这类单片机的用途是把以往用数字逻辑集成电路的控制电路单片机化,可广泛用于家电产品。

8．外围电路内装化

这也是单片机发展的主要方向。随着集成度的不断提高,有可能把众多的各种外围功能器件集成在片内。除了一般必须具有的 CPU、ROM、RAM、定时器/计数器等以外,片内集成的部件还有模/数转换器、数/模转换器、DMA 控制器、声音发生器、监视定时器、液晶显示驱动器、彩色电视机和录像机用的锁相电路等。

9．串行扩展技术

在很长一段时间内,通用型单片机通过三总线结构扩展外围器件成为单片机应用的主流结构。随着低价位 OTP(One Time Programmable)及各种类型片内程序存储器的发展,加之外围电路接口不断进入片内,推动了单片机"单片"应用结构的发展。特别是 I^2C、SPI 等串行总线的引入,可以使单片机的引脚设计更少,单片机系统结构更加简化及规范化。

1.1.4 单片机的应用领域

单片机按其应用领域划分主要有以下 5 个方面。

1．智能化仪器仪表

智能化仪器仪表如智能电度表、智能流量计等。单片机用于仪器仪表中,使之走向了智能化和微型化,扩大了仪器仪表功能,提高了测量精度和测量的可靠性。

2．实时工业控制

单片机可以构成各种工业测控系统、数据采集系统,如数控机床、汽车安全技术检测系统、工业机器人、过程控制等。

3．网络与通信

利用单片机的通信接口,可方便地进行多机通信,也可组成网络系统,如单片机控制的无线遥控系统。

4．家用电器

家用电器如全自动洗衣机、自动控温冰箱、空调机等。单片机用于家用电器,使其应用更简捷、方便,产品更能满足用户的高层次要求。

5．计算机智能终端

计算机智能终端如计算机键盘、打印机等。单片机用于计算机智能终端,使之能够脱离主机而独立工作,尽量少占用主机时间,提高主机的计算速度和处理能力。

1.1.5 单片机的主要厂商和机型

单片机按 CPU 的处理能力分类,目前有 4 位、8 位、16 位、32 位,位数越高的单片机在数据处理能力和指令系统方面就越强,AVR、51、PIC 都属于 8 位机。8 位单片机由于内部构造简单、体积小、成本低廉,在一些较简单的控制器中应用很广。即便到了 21 世纪,它在单片机应用中仍占有相当的份额。8 位单片机也是目前应用最广泛的单片机,在各个领域都可以看到它的身影。

1．51 系列单片机

51 系列单片机最早由 Intel 公司推出,主要有 8031 系列、8051 系列。后来 Atmel 公司以 8051 的内核为基础推出了 AT89 系列单片机。尽管各类单片机很多,但目前使用最为广泛的应属 MCS-51 系列单片机,比较适合初学者的需要。Atmel 公司的 AT89 系列单片机都和 MCS-51 有相同的指令系统,并在其他功能上与 MCS-51 完全兼容。本书将主要以 51 系列单片机为学习对象,除特别说明外,本教材中的 51 系列单片机均以 AT89S51 为代表产品。

(1) 51 子系列和 52 子系列。

51 系列单片机又分为 51 和 52 两个子系列,并以芯片型号的最末位作为标志。其中,51 子系列是基本型,52 子系列则属增强型。与 51 子系列相比,52 子系列增强的功能如下：

- 片内 ROM 从 4KB 增加到 8KB。
- 片内 RAM 从 128B 增加到 256B。
- 定时器从 2 个增加到 3 个。
- 中断源从 5 个增加到 6 个。

(2) AT89 系列单片机。

美国 Atmel 公司将闪速存储器与 MCS-51 控制器相结合,开发生产了新型的 8 位单片机——AT89 系列单片机。AT89 系列单片机不但具有一般 MCS-51 单片机的所有特性,而且拥有一些独特的优点,使 8 位单片机更具有生命力。

AT89 系列单片机是一种低功耗、高性能的 8 位 CMOS 微处理器芯片,片内带有闪速可编程可擦写只读存储器 FEPROM(Flash Erasable Programmable ROM)。FEPROM 既具有静态 RAM 的速度和可擦写性,又能像 EEPROM 那样掉电后保留所写数据,因此大大方便了用户。常用的 Atmel 51 单片机选型表如表 1-1 所示。

表 1-1 Atmel 51 单片机选型表

设备	Flash /KB	IAP	ISP	EEPROM /KB	RAM /B	f_{max} /MHz	Vcc /V	I/O 引脚	UART	16 位 计时器	WDT	SPI
AT89C51	4	—	—	—	128	24	5±20%	32	1	2	—	—
AT89C52	8	—	—	—	256	24	5±20%	32	1	3	—	—
AT89C2051	2	—	—	—	128	24	2.7~6.0	15	1	2	—	—
AT89C4051	4	—	—	—	128	24	2.7~6.0	15	1	2	—	—
AT89S51	4	—	Yes	—	128	33	4.0~5.5	32	1	2	Yes	—
AT89S52	8	—	Yes	—	256	33	4.0~5.5	32	1	3	Yes	—
AT89S8253	12	—	Yes	2	256	24	2.7~5.5	32	1	3	Yes	Yes
AT89C51ED2	64	UART	API	2	2048	60	2.7~5.5	32	1	3	Yes	Yes
AT89C51RD2	64	UART	API	—	2048	60	2.7~5.5	32	1	3	Yes	Yes

2. AVR 系列单片机

AVR 系列单片机也是 Atmel 公司的产品,最早的为 AT90 系列单片机,现在很多 AT90 单片机都转型为 Atmega 系列和 Attiny 系列。AVR 单片机是精简指令型单片机,在相同的振荡频率下执行速度是 8 位 MCU 中最快的一种单片机。AVR 单片机其显著的特点为高性能、高速度、低功耗。AVR 与 51、PIC 单片机相比,具有一系列的优点,主要体现在以下几个方面:

(1) 在相同的系统时钟下 AVR 运行速度最快。

(2) 所有 AVR 单片机的 Flash、EEPROM 寄存器都可以反复烧写、支持 ISP 在线编程(烧写),入门费用非常少。

(3) 片内集成多种频率的 RC 振荡器、上电自动复位、看门狗、启动延时等功能,使得电路设计变得非常简单。

(4) 每个 I/O 口做输出口使用时都可以输出很强的高、低电平,做输入口使用时 I/O 口可以作为高阻抗或者带上拉电阻。

(5) 片内具有丰富实用的资源,如 A/D 模数器、D/A 数模器、丰富的中断源、SPI、USART、TWI 通信口、PWM 等。

(6) 片内采用了先进的数据加密技术,大大地提高了破解的难度。

(7) 片内 Flash 空间大、品种多,引脚少的有 8 脚,多的有 64 脚等各种封装。

(8) 部分芯片的引脚兼容 51 系列,代换容易,如 ATtiny2313 兼容 AT89C2051、ATmega8515/162 兼容 AT89S51 等。

3. PIC 系列单片机

PIC 系列单片机是 Microchip 公司的产品,它也是一种精简指令型单片机,它还具有工

作电压低、功耗低、驱动能力强等特点。从功能上来讲,PIC 单片机主要有以下三个主要特点:

(1) 总线结构。

MCS-51 单片机的总线结构是冯·诺依曼型,计算机在同一个存储空间取指令和数据,两者不能同时进行;而 PIC 单片机的总线结构是哈佛结构,指令和数据空间是完全分开的,一个用于指令,一个用于数据,由于可以对程序和数据同时进行访问,所以提高了数据吞吐率。正因为在 PIC 单片机中采用了哈佛双总线结构,所以与常见的微控制器不同的一点是:程序和数据总线可以采用不同的宽度。数据总线都是 8 位的,但指令总线位数可为 12、14、16 位。

(2) 流水线结构。

MCS-51 单片机的取指和执行采用单指令流水线结构,即取一条指令,执行完后再取下一条指令;而 PIC 的取指和执行采用双指令流水线结构,当一条指令被执行时,允许下一条指令同时被取出,这样就实现了单周期指令。

(3) 寄存器组。

PIC 单片机的所有寄存器,包括 I/O 口、定时器和程序计数器等都采用 RAM 结构形式,而且都只需要一个指令周期就可以完成访问和操作;而 MCS-51 单片机需要两个或两个以上的周期才能改变寄存器的内容。

1.2 51 系列单片机的结构

单片机种类繁多,目前主要有 51 系列、AVR 系列和 PIC 系列。在大部分的工控或测控设备中,8 位的 MCS-51 系列单片机能够满足大部分的控制要求。而 89S51 又是目前应用最为广泛的 51 系列兼容单片机中的代表产品。下面就以 Atmel 公司的 AT89S51 为例来介绍单片机的内部结构。

1.2.1 单片机的功能特点

AT89S51 单片机是美国 Atmel 公司生产的低功耗、高性能的 CMOS 结构的 8 位单片机,片内带有 4KB 的 Flash 只读存储器,该 Flash 存储器既可以在线编程(ISP),也适于常规编程器编程。该单片机芯片采用 Atmel 高密度非易失存储器制造技术制造,与工业标准的 MCS-51 系列单片机的指令系统和输出管脚相兼容,并且将多功能 8 位 CPU 和 Flash 存储器组合在单个芯片中。因而,AT89S51 作为一种高效的微控制器,为很多智能仪器和嵌入式控制系统提供了一种灵活性高且价廉的方案。

此外,AT89S51 单片机具有可降至 0Hz 的静态逻辑操作,并支持两种软件可选的节电工作模式——空闲模式和掉电模式。空闲模式下,停止 CPU 的工作,而 RAM、定时/计数器、串行口和中断系统等可继续工作。掉电模式下,RAM 内容被保存,振荡器停止工作并禁止其他所有部件工作直到下一个硬件复位。

AT89S51 具有以下主要功能特点:

- 与 MCS-51 指令兼容。
- 4KB 在线编程(ISP)的 Flash 存储器。
- 使用寿命达 1000 次写/擦循环。
- 工作电压范围为 4.0~5.5V。
- 全静态工作模式:0~33MHz。
- 三级持续加密锁。
- 128B 内部 RAM。
- 三级程序存储器锁定。
- 32 位可编程并行 I/O 线。
- 2 个 16 位定时/计数器。
- 5 个中断源、2 个中断优先级。
- 全双工的异步串行口,即 UART。
- 低功耗的闲置和掉电模式。
- 中断可从空闲模式唤醒系统。
- 看门狗(WDT)及双数据指针。
- 片内振荡器和时钟电路。
- 掉电标志和快速编程特性。
- 灵活的 ISP 在线编程。

1.2.2 单片机的内部结构

AT89S51 单片机的组成如图 1-1 所示,内部结构如图 1-2 所示。

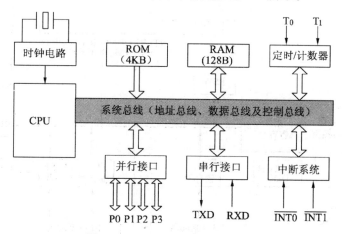

图 1-1 AT89S51 单片机组成框图

AT89S51 主要包含以下功能部件:
- 8 位 CPU。
- 128B 内部数据存储器 RAM、21 个特殊功能寄存器。
- 4KB(4096 个单元)的在线可编程 Flash 片内程序存储器 Flash ROM。
- 4 个 8 位并行输入/输出口(即 I/O 口)P0、P1、P2、P3 口。
- 1 个可编程全双工的异步串行口。

- 2个16位定时/计数器。
- 5个中断源,2个中断优先级。
- 时钟电路,振荡频率f_{osc}为0~33MHz。

以上各部分由8位内部总线连接起来,并通过各端口与机外沟通。其中总线分3类:数据总线、地址总线和控制总线。单片机的基本结构仍然是通用CPU加上外围芯片的结构模式,但在功能单元控制上均采用了特殊功能寄存器(21个专用寄存器SFR)的集中控制方法,完成对定时器、串行口、中断逻辑的控制。

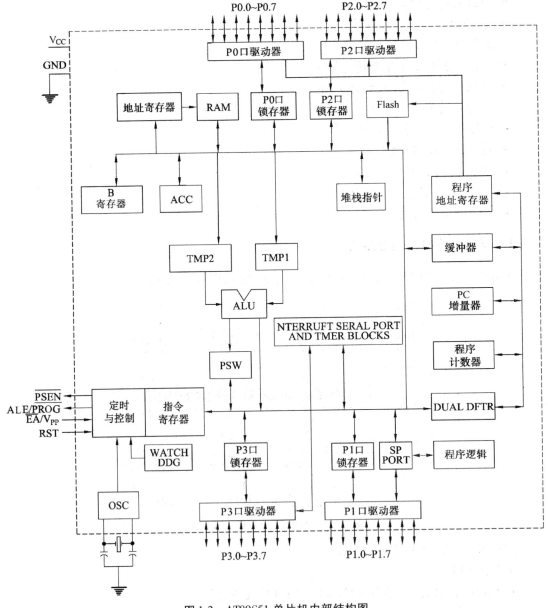

图1-2　AT89S51单片机内部结构图

1. 中央处理器CPU(8位)

CPU是核心部件,包括运算器和控制器。CPU的功能是产生各种控制信号,控制存储器、输入/输出端口的数据传送、算术与逻辑运算以及位操作处理。AT89S51 的 CPU 能处理 8 位二进制数或代码。

(1) 控制器。

控制器是发布操作命令的机构,是指挥中心。它对来自存储器的指令进行译码,通过定时控制电路在指定的时刻发出各种操作所需的控制命令,以使各部分协调工作,完成指令所规定的功能。它主要由程序计数器 PC、指令寄存器、指令译码器、地址指针 DPTR、堆栈指针 SP、定时控制和条件转移逻辑电路组成。程序计数器 PC 为二进制 16 位专用寄存器,用来存放下一条将要执行的指令的地址,具有自动加 1 的功能。指令寄存器用于暂存待执行的指令,等待译码。指令译码器对指令寄存器的指令进行译码,将指令转变为执行此指令所需的电信号。DPTR 为 16 位寄存器,是专用于存放 16 位地址的,该地址可以是片内、外 ROM,也可以是片内、外 RAM。SP 是 8 位寄存器,属于堆栈指针。

(2) 运算器。

运算器主要完成算术运算(加减乘除、加 1、减 1、BCD 加法的十进制调整)、逻辑运算(与、或、异或、清"0"、求反)、移位操作(左右移位)。它以 8 位的算术/逻辑运算部件 ALU(Architecher Logic Unit)为核心,与通过内部总线挂在其周围的暂存器、累加器 ACC、程序状态字 PSW、BCD 码运算调整电路、通用寄存器 B、专用寄存器和布尔处理机组成了整个运算器的逻辑电路。ALU 由加法器和其他逻辑部件组成,可以对半字节、字节等数据进行算术和逻辑运算。累加器 ACC,简称 A,是 CPU 中最繁忙的寄存器,所有的算术运算和大部分的逻辑运算都是通过 A 来完成的,它用于存放操作数或运算结果。B 寄存器主要用于乘除操作。布尔处理机则是专门用来对位进行操作的部分,如置位、清"0"、取反、转移、传送和逻辑运算。

2. 内部数据存储器(内部 RAM)

AT89S51 单片机中共有 256 个 RAM 单元,但其中后 128 个单元被 21 个特殊功能寄存器占用,能作为一般寄存器供用户使用的只是前 128 个单元,用于存放可读写的数据、运算的中间结果或用户定义的字型表。因此,通常所说的内部数据存储器就是指前 128 个单元,简称内部 RAM。

3. 内部程序存储器(内部 ROM)

AT89S51 单片机共有 4KB 的 Flash ROM,用于存放程序、原始数据或表格,因此称为程序存储器,简称内部 ROM。

4. 定时/计数器

AT89S51 单片机共有 2 个 16 位的定时/计数器,以实现定时或计数功能,并以其定时或计数结果对单片机进行控制。

5. 并行 I/O 口

AT89S51 单片机共有四个 8 位的并行 I/O 口(P0、P1、P2、P3),以实现数据的并行输入/输出。

6. 串行口

AT89S51 单片机有 1 个异步全双工串行口,以实现单片机和其他设备之间的串行数据传送。该串行口功能较强,既可作为全双工异步通信收发器使用,也可作为同步移位器使用。

7. 中断控制系统

AT89S51 单片机的中断功能较强,以满足控制应用的需要。其共有 5 个中断源,即外中断 2 个、定时/计数中断 2 个、串行中断 1 个。全部中断分为高级和低级共两个中断优先级别。

8. 时钟电路

AT89S51 单片机的内部有时钟电路,用于产生整个单片机运行的时序脉冲,但石英晶体和微调电容需外接。

1.2.3 单片机的引脚概述

单片机的封装形式常见的有两种,一种是双列直插式(DIP)封装,另一种是方形封装。在本教材所列举的项目中,我们采用的 AT89S51 是标准的 40 引脚双列直插式集成电路芯片,引脚排列参见图 1-3。由于 AT89S51 是高性能的单片机,同时受到引脚数目的限制,所以有部分引脚具有第二功能。AT89S51 的引脚与其他 51 系列单片机的引脚兼容,只是个别引脚定义不同。

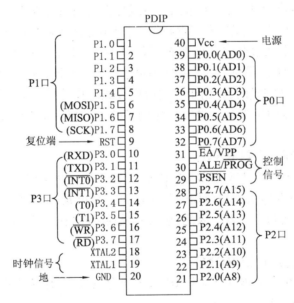

图 1-3 AT89S51 单片机的引脚图

1. 电源引脚

主电源引脚 GND(20 脚)和 Vcc(40 脚)。

- GND:用于接地。
- Vcc:用于接 +5V 电源。

2. 外接晶振引脚

XTAL1(19 脚)和 XTAL2(18 脚),用于外接晶振。与单片机内部的放大器一起构成一个振荡电路,用于为单片机工作提供时钟信号。

3. 复位引脚

RST(9 脚):只要该引脚产生两个机器周期的高电平就可以完成单片机复位。

4. I/O 引脚

AT89S51 单片机有 4 个 8 位并行的 I/O 口,分别是 P0、P1、P2、P3,共包含 32 个 I/O 引脚,每一个引脚都可以单独编程控制。

- P0 口:8 位双向 I/O 口,可驱动 8 个 LSTTL 门,引脚名称为 P0.0 ~ P0.7(39 脚至32 脚)。
- P1 口:8 位准双向 I/O 口,可驱动 4 个 LSTTL 门,引脚名称为 P1.0 ~ P1.7(1 脚至8 脚)。
- P2 口:8 位准双向 I/O 口,可驱动 4 个 LSTTL 门,引脚名称为 P2.0 ~ P2.7(21 脚至 28 脚)。
- P3 口:8 位准双向 I/O 口,可驱动 4 个 LSTTL 门,引脚名称为 P3.0 ~ P3.7(10 脚至 17 脚)。

其中,P1.5 ~ P1.7 和 P3 口的 8 个引脚具有第二功能。P1.5 ~ P1.7 的第二功能用于在线编程(ISP),P3 口第二功能用于特殊信号输入/输出和控制信号。

这 4 个 I/O 口在功能上各有特点。在单片机不进行并行扩展时,4 个 I/O 口均可作为双向 I/O 口使用,即可用于连接外设,如 LED 灯、喇叭、开关等。在单片机有并行扩展任务时,P0 口专用于分时传送低 8 位地址信号和 8 位数据信号(即 AD0 ~ AD7),P2 口专用于传送高 8 位地址信号(即 A8 ~ A15)。P3 口则可根据需要使用第二功能。

5. 存储器访问控制引脚

存储器访问控制引脚为 $\overline{EA}$/VPP(31 脚),该引脚为复用引脚。

- $\overline{EA}$ 功能:单片机正常工作时,该脚为内外 ROM 选择端。用户编写的程序既可以存放于单片机内部的程序存储器中,也可以存放于单片机外部的程序存储器中,到底使用内部程序存储器还是外部程序存储器,则由 $\overline{EA}$/VPP 引脚接的电平决定。当 $\overline{EA}$/VPP 引脚接 +5V 时,CPU 可访问内部程序存储器;当 $\overline{EA}$/VPP 接地时,CPU 只访问外部程序存储器。
- VPP 功能:在 Flash ROM 编程期间,由此接编程电源。

6. 外部存储器控制信号引脚

外部存储器控制信号引脚包括 ALE/$\overline{PROG}$(30 脚)、$\overline{PSEN}$(29 脚)。

(1) ALE/$\overline{PROG}$引脚:该引脚也为复用引脚。

- ALE 功能:地址锁存功能。

在单片机访问片外扩展的存储器时,因为 P0 口用于分时传送低 8 位地址和数据信号,那么如何区分 P0 口传送的是地址信号还是数据信号就由 ALE 引脚的信号决定。ALE 信号有效时,P0 口传送的是 8 位地址信号;当 ALE 脚无效时,P0 口传送的是 8 位数据信号。

在平时不访问片外扩展的存储器,ALE 端以不变的频率周期输出正脉冲信号,此频率为振荡器频率的 1/6。因此,它也可用作对外部输出的脉冲或用于定时目的。

- $\overline{PROG}$功能:在 Flash ROM 编程期间,由此接编程脉冲。

(2) $\overline{PSEN}$引脚:外部 ROM 的读选通引脚。

用以产生访问外部 ROM 时的读选通信号。当对外部 ROM 取指令时,会自动在该脚输出一个负脉冲,其他情况均为高电平。$\overline{PSEN}$在每个机器周期有效两次。

注意:对以上两个引脚理解起来比较困难,它们只在将来系统扩展时才会用到,对于初学者,此时无须过多关注。

1.2.4 单片机最小系统硬件组成

单片机最小系统,或者称为最小控制系统,是指用最少的元件组成的单片机可以工作的系统。51系列单片机最小控制系统硬件电路结构主要包含4个组成部分,即晶振电路、复位电路、电源电路和EA脚电路,如图1-4所示。其中,电源电路即为单片机提供的+5V供电电源,分别接单片机的40脚(接+5V)和20脚(接地)。

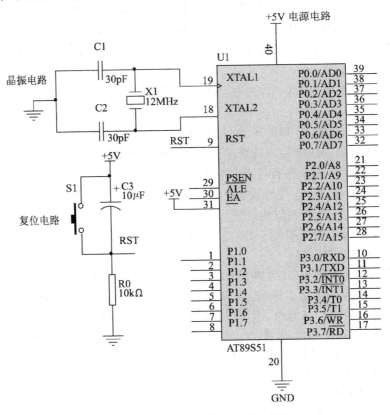

图1-4 单片机最小控制系统结构图

1. 晶振电路

晶振电路也叫时钟电路,用于产生单片机工作的时钟信号。单片机的工作过程是:取一条指令,译码,微操作;再取一条指令,译码,微操作……各指令的微操作在时间上有严格的次序,这种微操作的时间次序称时序。因此,单片机的时序就是CPU在执行指令时所需控制信号的时间顺序。单片机的时钟信号用来为芯片内部各种微操作提供时间基准,时钟信号如图1-5所示。

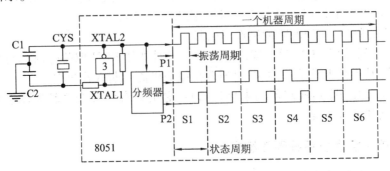

图1-5 单片机的时钟信号

51系列单片机的时钟产生方式分为内部振荡方式和外部时钟方式两种。如图1-6(a)所示电路为内部振荡方式,利用单片机内部的反向放大器构成振荡电路,在XTAL1(振荡器输入端)、XTAL2(振荡器输出端)的引脚上外接定时元件,内部振荡器产生自激振荡。如图1-6(b)所示电路为外部时钟方式,把外部已有的时钟信号引入单片机内。此方式常用于多片51单片机同时工作,以便于各单片机的同步。一般要求外部信号高电平的持续时间大于20 ns,且为频率低于12 MHz的方波。应注意的是,外部时钟要由XTAL2引脚引入,由于此引脚的电平与TTL不兼容,应接一个5.1 kΩ的上拉电阻,XTAL1引脚应接地。

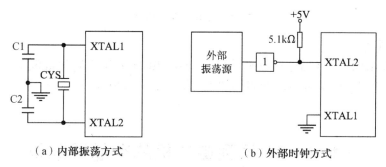

图1-6　单片机的时钟信号产生方式

2. 复位电路

复位就是使中央处理器(CPU)以及其他功能部件都恢复到一个确定的初始状态,并从这个状态开始工作。单片机在开机时或在工作中因干扰而使程序失控或工作中程序处于某种死循环状态等情况下都需要复位。51系列单片机的复位靠外部电路实现,信号由复位(RST)引脚输入,高电平有效,在振荡器工作时,只要保持RST引脚高电平两个机器周期,单片机即复位。

(1) 复位状态。

复位后,PC程序计数器的内容为0000H,即复位后将从程序存储器的0000H单元读取第一条指令码。其他特殊功能寄存器的复位状态见表1-2(注意:特殊功能寄存器的定义见1.3分析)。

表1-2　51系列单片机复位状态表

寄存器	复位状态	寄存器	复位状态	寄存器	复位状态
PC	0000H	TCON	00H	IP	XXX00000
ACC	00H	TMOD	00H	IE	0XX00000
B	00H	TH0	00H	SBUF	XXXXXXXX
SP	07H	TH1	00H	SCON	00H
PSW	00H	TL0	00H	PCON	0XXX0000
DPTR	0000H	TL1	00H	P0 ~ P3	FFH

(2) 复位电路。

复位电路一般有上电复位、手动开关复位和自动复位电路三种,如图1-7所示。

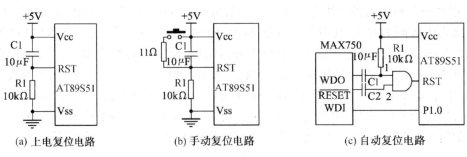

(a) 上电复位电路   (b) 手动复位电路   (c) 自动复位电路

图 1-7 单片机复位电路

3．$\overline{EA}$脚电路

不用外部 ROM 时$\overline{EA}$脚接高电平，要用到外部 ROM 时该引脚接低电平。接高电平时，先读内部 ROM，再读外部 ROM；接低电平时，直接读外部 ROM。

1.3 51 系列单片机的存储器配置

51 系列单片机其存储器的组织形式与常见的微型计算机的配置方法不同，属于哈佛结构，它将程序存储器和数据存储器分开，各有自己的寻址方式、控制信号和功能。

1.3.1 单片机存储器的组织形式

单片机的存储器有程序存储器（ROM）和数据存储器（RAM）之分，程序存储器用来存放程序、表格及常数，程序运行过程中不可以修改其中的数据；数据存储器通常用来存放程序运行中所需要的常数或变量，程序运行过程中可以修改其中的数据。在单片机中，不管是内部 RAM 还是内部 ROM，均以字节（BYTE）为单位，每个字节包含 8 位，每一位可容纳一位二进制数 1 或 0。以 AT89S51 为例，该单片机存储器空间配置图如图 1-8 所示。

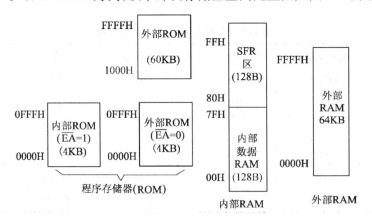

图 1-8 AT89S51 单片机存储器配置图

单片机的存储空间可以从不同角度分类，从物理地址空间看，它有 4 个存储器空间：
- 片内程序存储器（片内 ROM，4KB）。

- 片外程序存储器(片外 ROM,64KB)。
- 片内数据存储器(片内 RAM,256B)。
- 片外数据存储器(片外 RAM,64KB)。

从逻辑上或从使用的角度看,它有 3 个存储器地址空间:
- 64KB 的程序存储器(ROM),包括片内 ROM 和片外 ROM,二者统一编址。
- 256B(包括特殊功能寄存器 SFR)的片内数据存储器(片内 RAM)。
- 64KB 的片外数据存储器(片外 RAM)。

关于存储器编址的几个注意事项:

① 存储器由很多个存储单元组成,每个存储单元可以存放一个 8 位二进制数,即一个字节(1 字节 = 8 位,即 1BYTE = 8bit)。所以存储单元的个数就是字节数。

② 存储器中存储单元的个数称为存储容量(用 N 表示),各个存储单元的区别在于地址不同,各存储单元的编址与存储器的地址线的条数有关(地址线条数用 n 表示),其关系是 $N = 2^n$。

③ 存储器地址范围的确定。在确定地址线根数的前提下,存储器单元的地址范围为:最小地址全为 0,最大地址全为 1,即 $\underbrace{000\cdots000}_{n}B \sim \underbrace{111\cdots111}_{n}B$。

1.3.2 程序存储器(ROM)

程序存储器用来存放编制好的始终保留的固定程序和表格常数。由于单片机工作过程中程序不可随意修改,故程序存储器为只读存储器。程序存储器分为片内 ROM 和片外 ROM 两大部分,二者统一编址。程序存储器以程序计数器 PC 作为地址指针,通过 16 位地址总线,寻址空间为 64KB,寻址范围为 0000H ~ FFFFH,程序存储器的配置如图 1-9 所示,用控制信号$\overline{PSEN}$选通读外部 ROM。

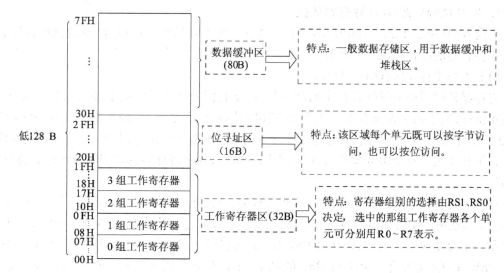

图 1-9 片内数据存储器配置图

AT89S51 本身具有 4KB 的内置 Flash 可在线编程的程序存储器。对于这样的内部已经有 4KB 程序存储器的芯片,其程序存储器的配置可以有两种形式:

- 当引脚 $\overline{EA}=1$ 时,程序存储器的 64KB 空间的组成是:内部 4KB(地址范围为 0000H~0FFFH)+外部 60KB(地址范围为 1000H~FFFFH),即 CPU 访问该空间时,当访问地址在 0000H~0FFFH 范围内时,PC 指向 4KB 的片内 ROM 区域;当访问的地址大于 0FFFH 时,自动转向外部 ROM 区域。
- 当引脚 $\overline{EA}=0$ 时,程序存储器的 64KB 的空间全部由片外 ROM 承担,片内 ROM 形同虚设。CPU 直接访问片外 ROM,从片外 ROM 空间读取程序。

程序存储器的操作完全由程序计数器 PC 控制,程序计数器 PC(Program Counter)是一个 16 位的计数器,具有自动加 1 功能,它的作用是控制程序的执行顺序。

此外,在该程序存储器空间中还有几个特殊单元,它们是系统的专用单元,固定作为单片机中断服务程序的入口地址,用户不可以随意占用,这几个固定地址如表 1-3 所示。

表 1-3 AT89S51 单片机的中断入口地址表

入口地址	说明	入口地址	说明
0003H	外部中断 INT0 的中断入口地址	001BH	定时器中断 T1 的中断入口地址
000BH	定时器中断 T0 的中断入口地址	0023H	串行口中断服务的中断入口地址
0013H	外部中断 INT1 的中断入口地址		

1.3.3 片内数据存储器(片内 RAM)

数据存储器用来存放运算的中间结果、标志位以及数据的暂存和缓冲。AT89S51 单片机的片内数据存储器共有 256 个数据存储单元,即 256B,地址范围为 00H~FFH。按其功能可分为两个区:00H~7FH 单元组成的低 128B 的内部数据 RAM 区和 80H~FFH 单元组成的高 128B 的特殊功能寄存器(SFR)区。

1. 片内 RAM 低 128B 数据存储区

片内 RAM 中低 128B 空间可以分成 3 个区:工作寄存器区、位寻址区及数据缓冲区,片内数据存储器的配置如图 1-9 所示。

(1) 工作寄存器区(00H~1FH)。

寄存器常用于存放操作数及中间结果等,由于它们的功能及使用不做预先规定,因此称为通用寄存器,也叫工作寄存器。工作寄存器区共包含 32 个单元,地址范围为 00H~1FH。这 32 个单元被平均分成 4 组,每组包含 8 个寄存器。4 组工作寄存器的组别号分别为 0 组、1 组、2 组和 3 组。每个寄存器均为 8 位,在同一组内,各个寄存器都以 R0~R7 作为寄存单元编号。

在任一时刻,CPU 只能使用其中的一组寄存器,并且把正在使用的那组寄存器称为当前寄存器组。到底哪一组寄存器是当前寄存器,需要由程序状态字寄存器 PSW 中 RS0 和 RS1 两位的状态组合来决定。其中,RS0 是 PSW 的第 3 位(PSW.3)的位名称,RS1 是 PSW 中的第 4 位(PSW.4)的位名称。RS0 与 RS1 的状态与工作寄存器及 RAM 地址的对应关系见表 1-4。如果不对工作寄存器组别进行选择,则系统默认当前工作寄存器为 0 组工作寄存器。

工作寄存器为 CPU 提供了就近数据存储的便利,有利于提高单片机的运算速度。此外,使用工作寄存器还能提高程序编制的灵活性,因此在单片机的应用编程中应充分利用这些寄存器,以简化程序设计,提高程序运行的速度。

表 1-4 工作寄存器区的选择与地址对照表

选择工作寄存器组别的位		工作寄存器组	R0~R7 所占单元地址
RS1(PSW.4)	RS0(PSW.3)		
0	0	0 组	00H~07H
0	1	1 组	08H~0FH
1	0	2 组	10H~17H
1	1	3 组	18H~1FH

(2)位寻址区(20H~2FH)。

内部 RAM 的 20H~2FH 单元,既可作为一般 RAM 单元使用,进行字节操作,也可以对单元中每一位进行位操作,因此把该区称为位寻址区。位寻址区共有 16 个单元,每个单元 8 位,共计 16×8=128 位,位地址为 00H~7FH。表 1-5 为位寻址区的位地址分配表。

表 1-5 位寻址区的位地址分配表

字节地址	位地址							
	D7	D6	D5	D4	D3	D2	D1	D0
2FH	7FH	7EH	7DH	7CH	7BH	7AH	79H	78H
2EH	77H	76H	75H	74H	73H	72H	71H	70H
2DH	6FH	6EH	6DH	6CH	6BH	6AH	69H	68H
2CH	67H	66H	65H	64H	63H	62H	61H	60H
2BH	5FH	5EH	5DH	5CH	5BH	5AH	59H	58H
2AH	57H	56H	55H	54H	53H	52H	51H	50H
29H	4FH	4EH	4DH	4CH	4BH	4AH	49H	48H
28H	47H	46H	45H	44H	43H	42H	41H	40H
27H	3FH	3EH	3DH	3CH	3BH	3AH	39H	38H
26H	37H	36H	35H	34H	33H	32H	31H	30H
25H	2FH	2EH	2DH	2CH	2BH	2AH	29H	28H
24H	27H	26H	25H	24H	23H	22H	21H	20H
23H	1FH	1EH	1DH	1CH	1BH	1AH	19H	18H
22H	17H	16H	15H	14H	13H	12H	11H	10H
21H	0FH	0EH	0DH	0CH	0BH	0AH	09H	08H
20H	07H	06H	05H	04H	03H	02H	01H	00H

在单片机的一般 RAM 单元只有字节地址,操作时只能 8 位整体操作,不能按位单独操作。只有位寻址区的各个单元不但有字节地址,而且字节中的每个位都有位地址,所以 CPU 能直接操作这些位,执行如置"1"、清"0"、求"反"、转移、传送和逻辑运算等操作。我

们常称单片机具有布尔处理功能,布尔处理的存储空间指的就是这些位寻址区,当然可位寻址单元除了此区间外,AT89S51 在特殊功能寄存器区还离散地分布了 83 位。

特别需要注意的是,位地址 00H~7FH 与片内 RAM 字节地址 00H~7FH 编址相同,且均由 16 进制表示,但是 CPU 不会搞错,因为单片机的指令系统有位操作指令和字节操作指令之分,在位操作指令中的地址是位地址,在字节操作指令中的地址则是字节地址。

(3)数据缓冲区(30H~7FH)。

片内 RAM 中地址为 30H~7FH 的 80 个单元是数据缓冲区,它们用于存放各种数据、中间结果和作堆栈区使用,该区域没有什么特别限制。

2. 特殊功能寄存器区(SFR)

内部 RAM 的高 128 单元是供给专用寄存器使用的,其单元地址为 80H~FFH,每个单元 8 位。因这些寄存器的功能已作专门规定,故称之为专用寄存器或特殊功能寄存器(Special Function Register,简称为 SFR)。特殊功能寄存器一般用于存放相应功能部件的控制命令、状态和数据。它可以反映单片机的运行状态,系统很多功能也是通过特殊功能寄存器来定义和控制程序执行的。AT89S51 单片机有 21 个特殊功能寄存器,每个特殊功能寄存器占有一个 RAM 单元,它们被离散地分布在片内 RAM 的 80H~FFH 地址中,不为 SFR 占用的 RAM 单元实际上并不存在,访问它们也是没有意义的。表 1-6 是特殊功能寄存器分布一览表。

在 SFR 中,可以位寻址的寄存器有 11 个,共有位地址 88 个,其中 5 个未用,其余 83 个位地址离散地分布于 80H~FFH 范围内。在表 1-6 中带 * 的特殊功能寄存器是可以位寻址的,它们的字节地址均可被 8 整除。

在 21 个 SFR 中,地址的表示方法有两种:一种是使用物理地址,如累加器 A 用 E0H、B 寄存器用 F0H、RS0(PSW.3)用 D3H 等;另一种是采用表 1-6 中的寄存器标号,如累加器 A 用 ACC、B 寄存器用 B、PSW.3 用 RS0 等。这两种表示方法中,采用后一种方法比较普遍,因为它们比较容易为人们所记忆。下面对其主要的寄存器作一些简单的介绍,其余部分将在后续章节中叙述。

表 1-6 特殊功能寄存器一览表和 SFR 中的位地址分布情况表(* 表示可以位寻址)

SFR 名称	SFR 符号	SFR 中的位地址(16 进制)								SFR 字节地址
		D7	D6	D5	D4	D3	D2	D1	D0	
*B 寄存器	B	F7H	F6H	F5H	F4H	F3H	F2H	F1H	F0H	F0H
*累加器 A	ACC	E7H	E6H	E5H	E4H	E3H	E2H	E1H	E0H	E0H
		ACC.7	ACC.6	ACC.5	ACC.4	ACC.3	ACC.2	ACC.1	ACC.0	
*程序状态字寄存器	PSW	D7H	D6H	D5H	D4H	D3H	D2H	D1H	D0H	D0H
		CY	AC	F0	RS1	RS0	OV	F1	P	
		PSW.7	PSW.6	PSW.5	PSW.4	PSW.3	PSW.2	PSW.1	PSW.0	
*中断优先级控制器	IP	—	—	—	BCH	BBH	BAH	B9H	B8H	B8H
		—	—	—	PS	PT1	PX1	PT0	PX0	
*I/O 端口 3	P3	B7H	B6H	B5H	B4H	B3H	B2H	B1H	B0H	B0H
		P3.7	P3.6	P3.5	P3.4	P3.3	P3.2	P3.1	P3.0	

续表

SFR 名称	SFR 符号	SFR 中的位地址(16 进制)								SFR 字节地址
		D7	D6	D5	D4	D3	D2	D1	D0	
*中断允许控制寄存器	IE	AFH	—	—	ACH	ABH	AAH	A9H	A8H	A8H
		EA	—	—	ES	ET1	EX1	ET0	EX0	
*I/O 端口 2	P2	A7H	A6H	A5H	A4H	A3H	A2H	A1H	A0H	A0H
		P2.7	P2.6	P2.5	P2.4	P2.3	P2.2	P2.1	P2.0	
串行数据缓冲器	SBUF									99H
*串行控制寄存器	SCON	9FH	9EH	9DH	9CH	9BH	9AH	99H	98H	98H
		SM0	SM1	SM2	REN	TB8	RB8	TI	RI	
*I/O 端口 1	P1	97H	96H	95H	94H	93H	92H	91H	90H	90H
		P1.7	P1.6	P1.5	P1.4	P1.3	P1.2	P1.1	P1.0	
定时/计数器 1(高字节)	TH1									8DH
定时/计数器 0(高字节)	TH0									8CH
定时/计数器 1(低字节)	TL1									8BH
定时/计数器 0(低字节)	TL0									8AH
定时/计数器方式选择	TMOD	GATE	C/$\overline{\text{T}}$	M1	M0	GATE	C/$\overline{\text{T}}$	M1	M0	89H
*定时/计数器控制寄存器	TCON	8FH	8EH	8DH	8CH	8BH	8AH	89H	88H	88H
		TF1	TR1	TF0	TR0	IE1	IT1	IE0	IT0	
电源控制及波特率选择	PCON									87H
数据指针(高字节)	DPH									83H
数据指针(低字节)	DPL									82H
堆栈指针	SP									81H
*I/O 端口 0	P0	87H	86H	85H	84H	83H	82H	81H	80H	80H
		P0.7	P0.6	P0.5	P0.4	P0.3	P0.2	P0.1	P0.0	

(1) 累加器 ACC。

累加器 ACC 为 8 位寄存器,简称 A,是最常用的特殊功能寄存器,功能较多,地位很重要。大部分单操作指令的一个操作数取自累加器,很多双操作数指令中的一个操作数也取自累加器。加、减、乘、除法运算的指令,运算结果都存放于累加器 A 或寄存器 B 中。大部分的数据操作都会通过累加器 A 进行,它像一个数据运输中转站,在数据传送过程中,任何两个不能直接实现数据传送的单元之间,通过累加器 A 中转,都能送达目的地。

(2) 寄存器 B。

专用于乘、除指令。也可作为普通 RAM 单元使用。

(3) 程序状态字 PSW。

PSW 为 8 位寄存器,地址为 D0H,可位寻址,存放运算结果的一些特征。每位的含义如表 1-7 所示。

表 1-7　PSW 标志位定义

位序	PSW.7	PSW.6	PSW.5	PSW.4	PSW.3	PSW.2	PSW.1	PSW.0
位符号	CY	AC	F0	RS1	RS0	OV	F1	P
位功能	进、借位	辅助进、借位	用户定义	寄存器组选择		溢出	用户定义	奇/偶

- CY：进位标志，简称为 C。表示最近一次操作结果最高位有进位或借位时，由硬件置位；该位也可由软件置位或清除；在布尔处理机中该位还可以作为位累加器使用。
- AC：辅助进位标志。反映两个 8 位数运算时低 4 位有没有半进位，即低 4 位相加（减）有否进（借）位；也可以用于 BCD 码调整时的判断位，该位可由软件置位或清"0"。
- F0：用户软件标志。提供给用户定义的一个状态标志，可用软件置位或清"0"，控制程序的流向。
- RS1 和 RS0：工作寄存器区选择控制位，可由软件设置。
- OV：溢出标志。运算结果超出 8 位二进制（带符号）数所能表示的范围（即在 －128 ～ +127 之外）时，硬件将该位置"1"；否则清"0"。
- F1：用户软件标志。提供给用户定义的一个状态标志，可用软件置位或清"0"，控制程序的流向。
- P：奇偶标志。若累加器 A 中的 1 的个数是奇数，则 P 置"1"。

（4）数据指针 DPTR。

它是 16 位的特殊功能寄存器，由 DPH(83H)、DPL(82H)两个 8 位寄存器组成，当 CPU 访问外部 RAM 时，DPTR 作间接地址寄存器用；当 CPU 访问外部 ROM 时，DPTR 作基址寄存器用。

（5）端口 P0～P3。

它是 I/O 端口的锁存器。系统复位后，P0～P3 口为 FFH，是 4 个 I/O 并行端口映射入 SFR 中的寄存器。

（6）堆栈指针 SP。

SP 为 8 位专用寄存器，它指出堆栈顶部在片内 RAM 中的位置。下面详细介绍单片机的堆栈。

① 堆栈的作用。

堆栈的设置主要是用来解决多级中断、子程序调用等问题，可以用来保护现场，寄存中间结果，并为主、子程序的转换提供有力的依托。

② 堆栈的特点。

堆栈区是在内部 RAM 中开辟的一块数据存储区，原则上可以设在 RAM 区的 00H～7FH，但通常设在数据缓冲区即 30H～7FH。该区一端固定，一端活动，活动端被称为栈顶，固定端被称为栈底。且数据只允许从活动端进出。数据存取遵循"先进后出"的原则，且设计为向上生成式（即从低地址向高地址增加），即随着数据不断被送入堆栈，栈顶地址不断增大，堆栈最深 128B。

③ 堆栈的确定。

堆栈存储器的位置是由 SP 给定的。SP 堆栈指针寄存器内所装的数据永远是栈顶地址，即栈顶是随着 SP 的变化而变化的。但是若堆栈中空无数据时，栈顶和栈底重合，即此时

SP 中是栈底地址。堆栈中存放的数据越多,栈顶地址比栈底地址也大得越多。SP 的内容一旦确定,就意味着栈顶的确定。SP 总是指向栈顶中最上面的那个数据。系统复位后,SP 的初始值为 07H,使得堆栈实际上是从 08H 开始的。但我们从 RAM 的结构分布中可知,08H~1FH 隶属工作寄存器区 1~3,若编程时需要用到这些数据单元,必须对堆栈指针 SP 进行初始化,以防使用的工作寄存器与堆栈区冲突。

④ 堆栈的操作。

将一个字节压入堆栈称作进栈,将一个字节从栈顶弹出称为出栈。堆栈的操作有两种方法:第一种是自动方式,即在中断服务程序响应或子程序调用时,返回地址自动进栈。当需要返回执行主程序时,返回的地址自动交给 PC,以保证程序从断点处继续执行,这种方式是不需要编程人员干预的。第二种是人工指令方式,使用专有的堆栈操作指令进行进出栈操作。

1.3.4 片外数据存储器(片外 RAM)

单片机具有扩展外部数据存储器和 I/O 口的能力。扩展出的片外数据存储器主要用于存放数据和运算结果等。一般情况下,只有在片内 RAM 不够用的情况下,才需要外接 RAM。外部数据存储器可扩展到 64KB,寻址范围为 0000H~FFFFH。控制信号采用 P3 口的 $\overline{RD}$(读)和 $\overline{WR}$(写)。

1.4 51 系列单片机的工作时序

微型计算机的 CPU 实际上是一个复杂的同步时序电路,所有工作都是在时钟信号下进行的。系统时钟就像计算机的心脏,一切工作都在它的控制下有节奏地进行。每执行一条指令,CPU 的控制器都要发出一系列特定的控制信号,这些控制信号在时间上的相互关系问题就是 CPU 的时序。单片机的时序定时单位共有 4 个,从小到大依次是:时钟周期、状态周期、机器周期、指令周期。

- 时钟周期:也叫振荡周期,是计算机中最基本的时间单位。它是振荡器频率的倒数。例如,时钟频率为 6MHz,则时钟周期为 166.7ns。它是最小的时序单位。
- 状态周期:振荡频率经单片机内的二分频器分频后提供给片内 CPU 的时钟周期。即一个状态周期可分为 P1、P2 两拍,每一拍为 1 个时钟周期,所以,1 个状态周期 = 2 个时钟周期。
- 机器周期:完成一个规定动作所需的时间,是计算机执行一种基本操作所用的时间。对于 51 系列单片机,1 个机器周期 = 6 个状态周期 = 12 个时钟周期。
- 指令周期:执行一条指令所需要的时间。不同的指令,所用的机器周期数也不同。

4 种时序单位中,时钟周期和机器周期是单片机内计算其他时间值(例如,波特率、定时器的定时时间等)的基本时序单位。下面是单片机外接晶振频率 12MHz 时的各种时序单位的大小:

时钟周期 $= 1/f_{osc} = 1/12\text{MHz} = 0.0833 \mu s$

状态周期 $= 2/f_{osc} = 2/12\text{MHz} = 0.167 \mu s$

机器周期 = $12/f_{osc}$ = 12/12MHz = 1μs

指令周期 = (1~4)机器周期 = 1~4μs

单元小结

● AT89S51 单片机是由一个 8 位 CPU、一个片内振荡器及时钟电路、4KB Flash ROM、128B 片内 RAM、21 个特殊功能寄存器、两个 16 位定时/计数器、四个 8 位并行 I/O 口、一个串行输入/输出口和 5 个中断源等电路组成。该芯片共有 40 个引脚,除了电源、地、两个时钟输入/输出脚以及 32 个 I/O 引脚外,还有 4 个控制类引脚:ALE/$\overline{PROG}$(低 8 位地址锁存允许)、$\overline{PSEN}$(片外 ROM 读选通)、RST(复位)、$\overline{EA}$/VPP(内外 ROM 选择)。

● 单片机执行的程序及程序执行中的所有数据均需要存放在指定的空间,AT89S51 单片机的存储器有片内数据存储器和片内程序存储器两类。片内数据存储器共 256B,它分为低 128B 的片内 RAM 区和高 128B 的特殊功能寄存器区,低 128B 的片内 RAM 又可分为工作寄存器区(00H~1FH)、位寻址区(20H~2FH)和数据缓冲器(30H~7FH)。累加器 A、程序状态寄存器 PSW、堆栈指针 SP、数据存储器地址指针 DPTR、程序存储器地址指针 PC,均有着特殊的用途和功能。

● 单片机有四个 8 位的并行 I/O 口,用于连接单片机与外设。这四个并行 I/O 口在结构和特性上基本相同。当片外扩展 RAM 和 ROM 时,P0 口分时传送低 8 位地址和 8 位数据,P2 口传送高 8 位地址,P3 口常用于第二功能,通常情况下只有 P1 口用作一般的输入/输出引脚。

● 指挥单片机有条不紊工作的是时钟脉冲,执行指令均按一定的时序操作。我们必须掌握时钟周期、状态周期、机器周期、指令周期的概念。单片机工作必须满足基本的硬件条件,包括复位电路、时钟电路及电源电路。需掌握时钟电路、复位条件、复位电路以及复位后的状态。

习 题

1. 什么叫单片机?其主要特点有哪些?
2. 当前单片机的主要产品有哪些?各有何特点?
3. 综述 AT89S51 单片机的大致功能。
4. 请结合 AT89S51 单片机的结构框图,阐明其大致组成。
5. 综述 AT89S51 单片机各引脚的作用,并试行分类。
6. 什么是 CPU?简述单片机 CPU 的功能与特点。
7. 程序计数器的符号是什么?AT89S51 单片机的程序计数器有几位?它的位置在哪里?它起什么作用?
8. 何谓程序状态字?它的符号是什么?它的位置在哪里?各位的含义是什么?为 1、为 0 各代表什么?各在何种场合有用?
9. 何谓时钟周期、机器周期、指令周期?针对 AT89S51 单片机,如采用 8MHz 晶振,它们的频率和周期各是什么值?

10. AT89S51 单片机其内存可由哪几部分组成？其编址与访问的规律是怎样的？

11. 单片机片外 RAM 与片外 ROM 使用相同的地址，是否会出现总线竞争（读错或写错对象）？为什么？

12. $\overline{EA}$ 引脚的作用是什么？在下列三种情况下，$\overline{EA}$ 引脚各应接何种电平？

(1) 只有片内 ROM。

(2) 有片内 ROM 和片外 ROM。

(3) 有片内 ROM 和片外 ROM，片外 ROM 所存为运行程序。

13. AT89S51 单片机片内 RAM 有多少单元？有哪些用途？这些用途各占用哪些单元？堆栈的栈区设在哪里？

14. AT89S51 单片机的工作寄存器区包含多少个工作寄存器？如何分组？又如何确定和改变当前工作寄存器组别？

15. AT89S51 单片机有多少特殊功能寄存器？分布在何地址范围？可位寻址的特殊功能寄存器有多少个？

16. 4 个并行的 I/O 口负载能力各是多少？P0 口做输出口时，有什么要求？

17. 说出 AT89S51 单片机的各可寻址位，并统计共有多少个可寻址位。

18. 请画出 AT89S51 单片机的最小系统硬件电路。

第2章 单片机开发工具及系统设计方法

学习目标

- 了解单片机系统开发工具的使用方法。
- 了解单片机应用系统的设计流程和系统调试的方法。

2.1 单片机开发工具

由于单片机的软硬件资源有限,单片机系统本身不能实现自我开发,要进行系统开发,实现单片机应用系统的软、硬件设计,必须使用专门的单片机开发系统,因此,单片机开发系统是单片机系统开发调试的工具。单片机开发系统的类型主要包括微型机开发系统 MDS、在线仿真器 ICE 和软件开发模拟仿真器(Keil μVision3 和 Proteus ISIS 等)。

2.1.1 软件开发工具 Keil μVision3 简介

Keil μVision3 提供了优秀的软件集成开发环境,它支持众多不一样的公司的 MCS-51 架构的芯片。μVision3 IDE 基于 Windows 的开发平台,包含一个高效的编辑器、一个项目管理器和一个 MAKE 工具。利用本工具可以用来编译 C 源代码,汇编源程序,连接和重定位目标文件和库文件,创建 HEX 文件调试目标程序。

Keil μVision3 通过以下特性加速嵌入式系统的开发过程。

- 全功能的源代码编辑器。
- 器件库用来配置开发工具。
- 项目管理器用来创建和维护项目。
- 集成的 MAKE 工具可以汇编、编译和连接用户的嵌入式应用。
- 所有开发工具的设置都是对话框形式。
- 有真正的源代码级的对 CPU 和外围器件的调试器。
- 高级 GDI AGDI 接口用来在目标硬件上进行软件调试以及与 Monitor-51 进行通信。
- 与开发工具手册、器件数据手册和用户指南有直接的链接。

2.1.2 Keil μVision3 的使用方法

1. 启动 Keil μVision3

双击桌面上的 Keil μVision3 图标,如图 2-1 所示,或者依次单击屏幕左下方的"开始"→"程序"→"Keil μVision3",出现如图 2-2 所示的屏幕,表明进入 Keil μVision3 集成开发环境。

图 2-1 Keil μVision3 启动图标

图 2-2 启动时的屏幕

2. 熟悉 Keil μVision3 工作界面

Keil μVision3 界面提供一个菜单和一个工具条(可以快速选择命令按钮),以及源代码的显示窗口、对话框和信息显示。Keil μVision3 的工作界面如图 2-3 所示。

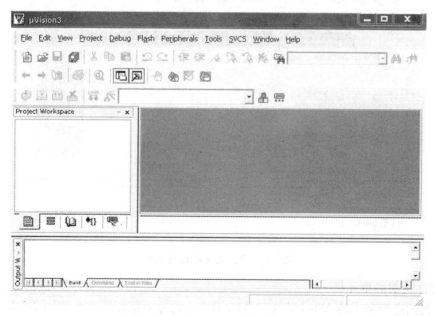

图 2-3 Keil μVision3 的工作界面

3. 建立项目

单击"Project"菜单,在弹出的下拉式菜单中选择"New Project"命令,如图 2-4 所示。接着弹出一个标准 Windows 文件对话框,如图 2-5 所示,在"文件名"中输入您的第一个程序项目名称,这里我们用"test",不必照搬,只要符合 Windows 文件规则的文件名都行。"保存类型"为"Project Files(＊.uv2)",这是 Keil μVision3 项目文件扩展名,以后可以直接单击此文件以打开先前所做的项目。

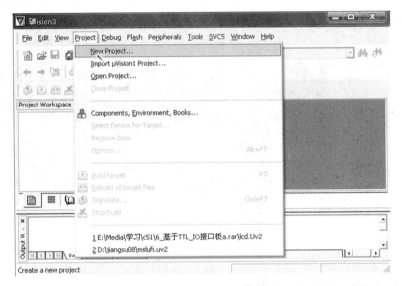

图 2-4　New Project 菜单

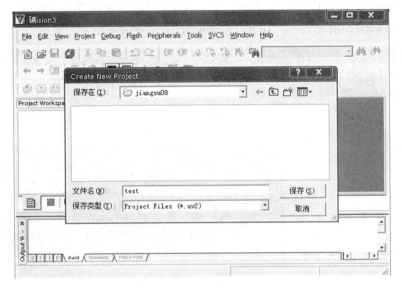

图 2-5　项目文件保存对话框

4. 选择所要的单片机

这里我们选择常用的 Atmel 公司的 AT89S51。此时屏幕如图 2-6 和图 2-7 所示。完成上面步骤后,项目文件就建立成功,此时屏幕如图 2-8 所示。下面我们就可以进行程序文件的建立了。

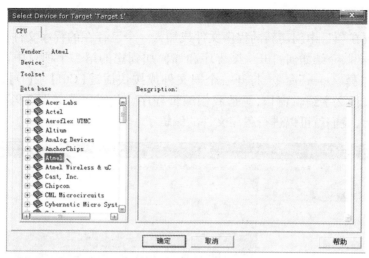

图 2-6 选取"Atmel"菜单

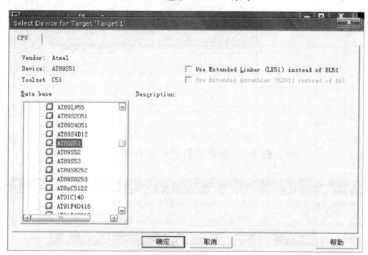

图 2-7 选取"AT89S51"

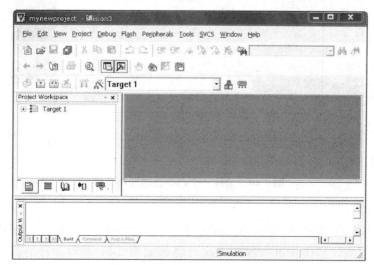

图 2-8 项目文件建立成功窗口

5．创建或修改程序

首先我们要在项目中创建新的程序文件或加入一个已存在的程序文件。在这里我们还是以一个程序为例,介绍如何打开一个程序和如何加到您的第一个项目中。单击图2-8中的"File"菜单,选择"Open"命令,打开一个旧文件或按快捷键【Ctrl】+【O】,就会打开一个已存在的程序文件文字编辑窗口,等待我们编辑程序。此时屏幕如图2-9和图2-10所示。完成上面步骤后,我们就可以进行程序文件的编辑了。

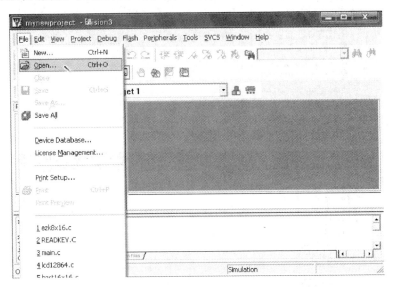

图2-9　创建或打开一个程序文件

图2-10　选择一个已存在的程序文件

6．保存程序

当程序编辑完成,单击图2-9中的"File"菜单,选择"Save"命令,保存新建文件,或按快捷键【Ctrl】+【S】或快捷按钮进行保存。此时屏幕如图2-11所示。若是新文件,保存时会弹出类似如图2-10所示的文件操作窗口,我们需要对程序进行命名。若是汇编语言,文件后缀应为".asm";若是 C 语言,文件后缀应为".c"。将文件保存在项目所在的目录中,这时会发现程序单词有了不同的颜色,说明 Keil 的语法检查生效了。此时屏幕如图 2-12 所示。完成上面步骤后,我们就可以进行程序文件的加载了。

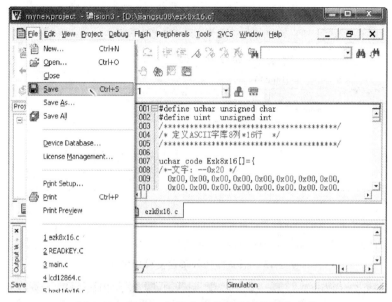

图 2-11 保存一个新建立或修改过的程序文件

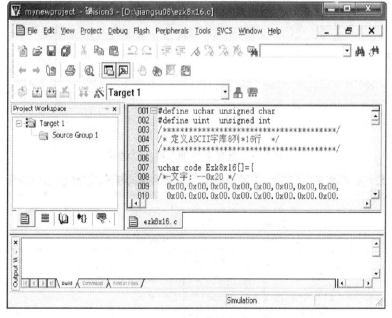

图 2-12 保存成功的程序文件

7. 将程序加载到项目中

如图 2-13 所示,在屏幕左边的 Source Group 1 文件夹图标上右击,弹出快捷菜单,在这里可以执行在项目中增加或减少文件等操作。选中"Add Files to Group 'Source Group 1'",弹出如图 2-14 所示的对话框,选择刚刚保存的文件,单击"Add"按钮,关闭对话框,程序文件已加到项目中了。这时在 Source Group 1 文件夹图标左边出现了一个小 + 号,说明文件组中有了文件,单击它可以展开,查看到源程序文件已被我们加入项目文件组中。图 2-15 为已加入项目中的文件组。

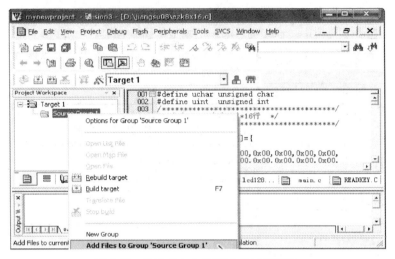

图 2-13 把文件加入项目文件组的菜单

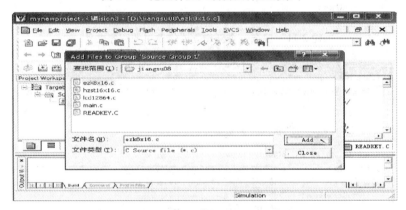

图 2-14 选择文件加入项目文件组

图 2-15 已加入项目中的文件组

8. 设置项目工程

工程建立好以后,还要对工程进行进一步的设置,以满足要求。首先单击左边 Project Workspace 窗口中的 Target 1,然后使用菜单"Project"→"Options for Target 'Target 1'"命令,即出现对工程设置的对话框,如图 2-16 所示。这个对话框可谓非常复杂,包含 10 个选项卡,要全部搞清可不容易,绝大部分设置项取默认值即可。

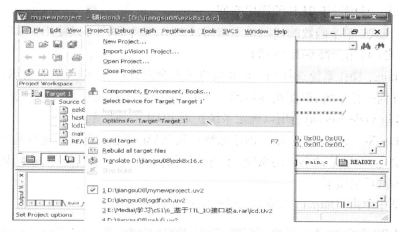

图 2-16 选择工程设置菜单

(1)"Target"选项卡。

在对话框中单击"Target"选项卡,如图 2-17 所示。

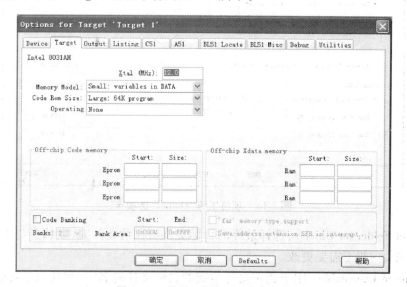

图 2-17 项目工程"Target"选项卡

- Xtal(MHz):晶振频率值。

默认值是所选目标 CPU 的最高可用频率值,根据需要进行设置。该数值与最终产生的目标代码无关,仅用于软件模拟调试时显示程序执行时间。正确设置该数值可使显示时间与实际所用时间一致,一般将其设置成与你的硬件所用晶振频率相同,如果没必要了解程序执行的时间,也可以不设。

- Memory Model：选择编译模式(存储器模式)。

Small：所有变量都在单片机的内部 RAM 中。

Compact：可以使用一页外部扩展 RAM。

Large：可以使用全部外部扩展 RAM。

- Code Rom Size：用于设置 ROM 空间的使用。

Small 模式：只用低于 2KB 的程序空间。

Compact 模式：单个函数的代码量不能超过 2KB，整个程序可以使用 64KB 程序空间。

Large 模式：可用全部 64KB 空间。

- Operating：操作系统选择项。Keil 提供了两种操作系统：RTX Tiny 和 RTX Full，通常我们不使用任何操作系统，即使用该项的默认值"None"(不使用任何操作系统)。

- Off-chip Code memory：用以确定系统扩展 ROM 的地址范围。

- Off-chip Xdata memory：用于确定系统扩展 RAM 的地址范围。这些选择项必须根据所用硬件来决定，如果是最小应用系统，不进行任何扩展，均不重新选择，按默认值设置。

(2)"Output"选项卡。

在对话框中单击"Output"选项卡，如图 2-18 所示。

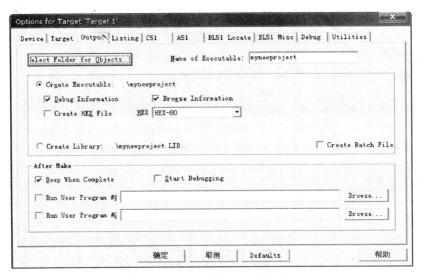

图 2-18　项目工程"Output"选项卡

- Select Folder for Objects：选择最终的目标文件所在的文件夹，默认是与工程文件在同一个文件夹中，一般不需要更改。

- Name of Executable：用于指定最终生成的目标文件的名字，默认与工程的名字相同，一般不需要更改。

- Debug Information：将会产生调试信息。这些信息用于调试，如果需要对程序进行调试，应当选中该项。

- Browse Information：产生浏览信息。该信息可以执行"View"→"Browse"菜单命令来查看，这里取默认值。

- Create HEX File：用于生成可执行代码文件。可以用编程器写入单片机芯片的 HEX

格式文件,文件的扩展名为".HEX",如图2-19所示。其他选默认值即可。

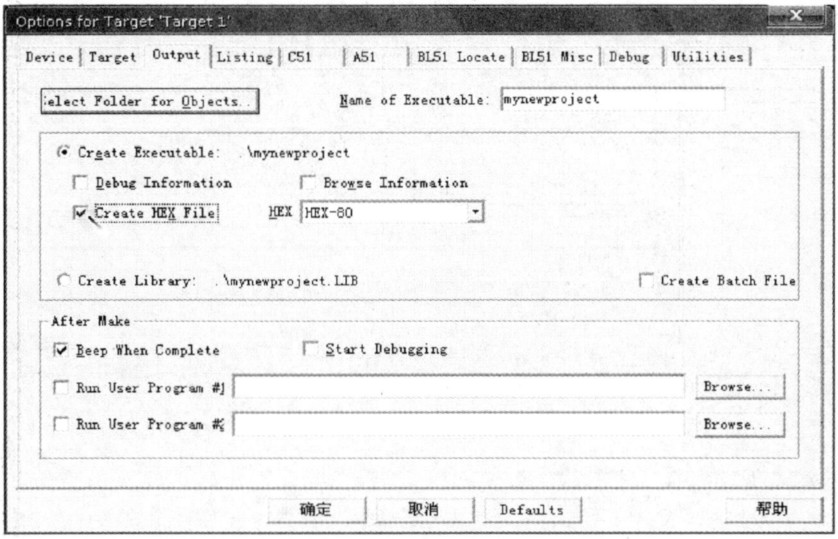

图2-19 对输出文件进行设置

9. 编译和连接

配置目标选项窗口完成后,我们再来看图2-20编译菜单,各编译按钮功能如下:

- Build target:编译当前项目,如果先前编译过一次之后文件没有做编辑改动,这时再单击是不会重新编译的。
- Rebuild all target files:重新编译,每单击一次均会再次编译一次,不管程序是否有改动。

在图2-21所示的信息输出窗口中可以看到编译的错误信息和使用的系统资源情况等。

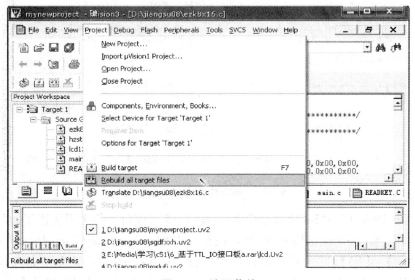

图2-20 编译菜单

图 2-21　信息输出窗口

10．软件模拟调试的设置与调试

（1）执行"Project"→"Options for Target'Target 1'"命令，弹出相应的对话框，单击"Debug"选项卡，选中"Use Simulator"单选项。按图 2-22 所示选择软件模拟调试。

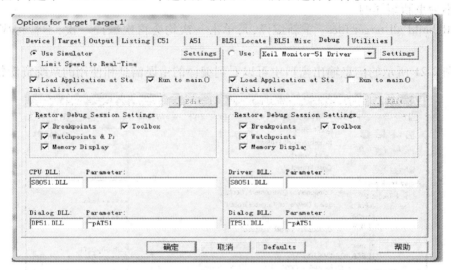

图 2-22　选择软件模拟调试窗口

（2）执行"Project"→"Build target"命令，编译、连接项目。若无语法错误，则进行调试。

（3）单击开启/关闭调试模式的按钮，或执行"Debug"→"Start/Stop Debug Session"，或按快捷键【Ctrl】+【F5】，进入软件模拟调试界面，按"Peripherals"菜单的各项即可进行调试。如 I/O Ports，可选 Port 0、Port 1、Port 2、Port 3，显示 P0、P1、P2、P3 口的变化，见图 2-23 "Peripherals"菜单的"I/O Ports"。

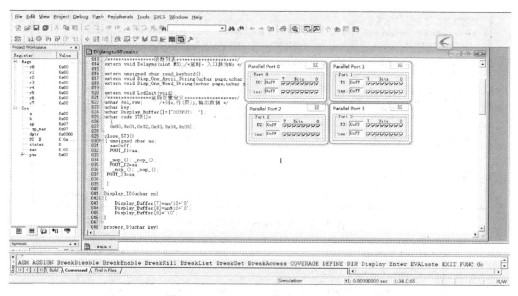

图 2-23 Peripherals 菜单的 I/O Ports

（4）选择"View"→"Periodic Window Updata"命令，如图 2-24 所示，可动态观察显示 P0、P1、P2、P3 口的变化结果。

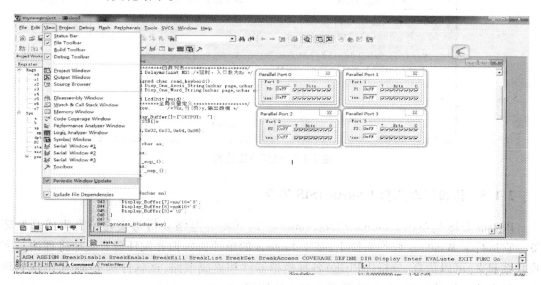

图 2-24 选择"Periodic Window Updata"选项

11. 外部硬件仿真连接调试

（1）选择"Project"→"Options for Target'Target 1'"选项或者单击工具栏上的"Options for Target"按钮 ，弹出窗口，单击"Debug"按钮，出现如图 2-25 所示的页面。单击选中"Use"，选择硬件仿真调试。

（2）再单击"Settings"按钮，设置通信接口。设置好的情形如图 2-26 所示，单击"OK"按钮即可。最后将工程编译，进入调试状态并运行。

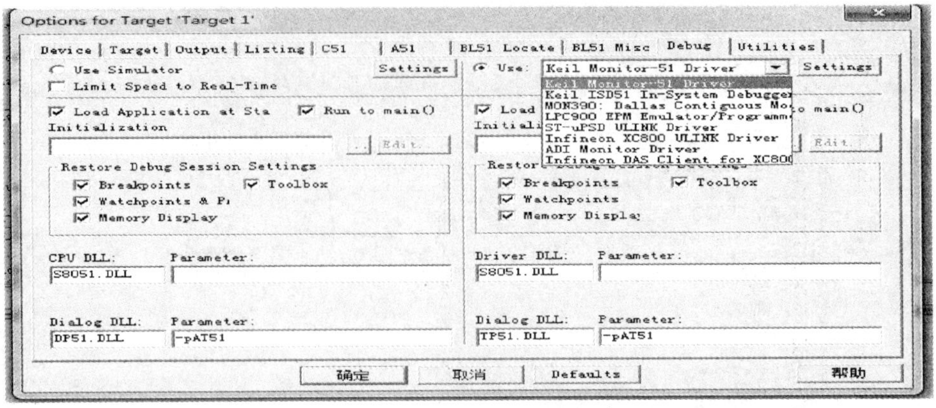

图 2-25 选择硬件仿真调试窗口

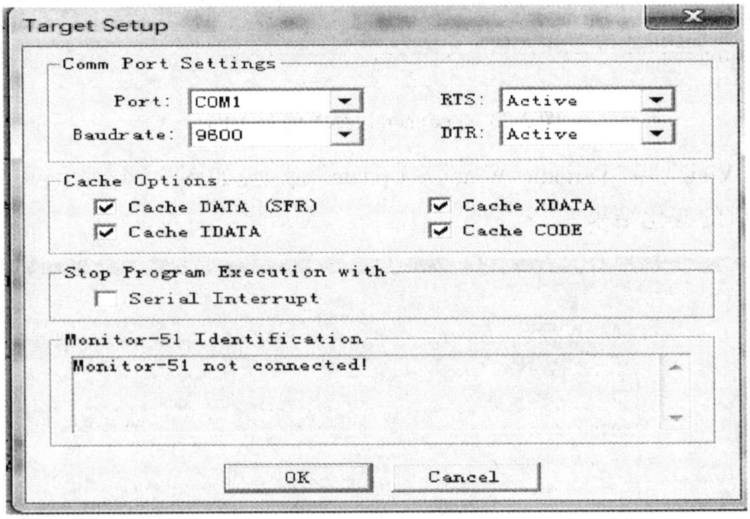

图 2-26 设置仿真通信

2.1.3 仿真开发工具 Proteus ISIS 简介

Proteus ISIS 是英国 Labcenter Electronics 公司开发的电路分析与实物仿真集成开发环境。它运行于 Windows 操作系统上，基于 Proteus 的单片机虚拟开发环境有效地将理论与实验联系起来，可以仿真、分析（SPICE）各种模拟器件和集成电路，该软件从 1989 年出现到现在已经有几十年的历史，在全球得到了广泛的使用。

1. Proteus 软件的性能特点

（1）智能原理图设计。
- 丰富的器件库：超过 8000 种元器件，可方便地创建新元件。
- 智能的器件搜索：通过模糊搜索可以快速定位所需要的器件。
- 智能化的连线功能：自动连线功能使连接导线简单快捷，大大缩短绘图时间。
- 支持总线结构：使用总线器件和总线布线使电路设计简明清晰。
- 可输出高质量图纸：通过个性化设置，可以生成印刷质量的 BMP 图纸，可以方便地供 Word、PowerPoint 等多种文档使用。

(2) 完善的仿真功能。
- ProSPICE 混合仿真：基于工业标准 SPICE3F5，实现数字/模拟电路的混合仿真。
- 超过 6000 个仿真器件：可以通过内部原型或使用厂家的 SPICE 文件自行设计仿真器件，Labcenter 也在不断地发布新的仿真器件，还可导入第三方发布的仿真器件。
- 多样的激励源：包括直流、正弦、脉冲、分段线性脉冲、音频（使用 wav 文件）、指数信号、单频 FM、数字时钟和码流，还支持文件形式的信号输入。
- 丰富的虚拟仪器：13 种虚拟仪器，面板操作逼真，如示波器、逻辑分析仪、信号发生器、直流电压/电流表、交流电压/电流表、数字图案发生器、频率计/计数器、逻辑探头、虚拟终端、SPI 调试器、I2C 调试器等。
- 生动的仿真显示：用色点显示引脚的数字电平，导线以不同颜色表示其对地电压大小，结合动态器件（如电机、显示器件、按钮）的使用可以使仿真更加直观、生动。
- 高级图形仿真功能：基于图标的分析可以精确分析电路的多项指标，包括工作点、瞬态特性、频率特性、传输特性、噪声、失真、傅立叶频谱分析等，还可以进行一致性分析（需要购买 ASF 高级图形仿真模块插件）。
- 独特的单片机协同仿真功能。

◇ 支持主流的 CPU 类型，如 ARM7、8051/51、AVR、PIC10/12、PIC16/18、HC11、Basic-Stamp 等，CPU 类型随着版本升级还在继续增加（需要购买 Proteus VSM 并需要指定具体的处理器类型）。

◇ 支持通用外设模型，如字符 LCD 模块、图形 LCD 模块、LED 点阵、LED 七段显示模块、键盘/按键、直流/步进/伺服电机、RS232 虚拟终端、电子温度计等，其 COMPIM（COM 口物理接口模型）还可以使仿真电路通过 PC 串口和外部电路实现双向异步串行通信。

◇ 实时仿真支持 UART/USART/EUSARTs 仿真、中断仿真、SPI/I2C 仿真、MSSP 仿真、PSP 仿真、RTC 仿真、ADC 仿真、CCP/ECCP 仿真。

◇ 支持单片机汇编语言的编辑/编译/源码级仿真，内带 8051、AVR、PIC 的汇编编译器，也可以与第三方集成编译环境（如 IAR、Keil 和 Hitech）结合，进行高级语言的源码级仿真和调试。

(3) 实用的 PCB 设计平台（需要购买相应的 Proteus PCB design 软件）。
- 原理图到 PCB 的快速通道：原理图设计完成后，一键便可进入 ARES 的 PCB 设计环境，实现从概念到产品的完整设计。
- 先进的自动布局/布线功能：支持无网格自动布线或人工布线，利用引脚交换/门交换可以使 PCB 设计更为合理。
- 完整的 PCB 设计功能：最多可设计 16 个铜箔层、2 个丝印层、4 个机械层（含板边），灵活的布线策略供用户设置，自动设计规则检查。
- 多种输出格式的支持：可以输出多种格式文件，包括 Gerber 文件的导入或导出，便于与其他 PCB 设计工具的互转（如 protel）以及 PCB 板的设计和加工。

2. Proteus 软件的优点

(1) 内容全面。

实验的内容包括软件部分的汇编、C51 等语言的调试过程，也包括硬件接口电路中的大部分类型。对同一类功能的接口电路，可以采用不同的硬件来搭建完成，因此采用 Proteus

仿真软件进行实验教学,克服了用单片机实验教学板教学中硬件电路固定、不能更改、实验内容固定等方面的局限性,可以扩展学生学习的思路和提高学习兴趣。

(2) 硬件投入少,经济优势明显。

对于传统的采用单片机实验教学板的教学实验,由于硬件电路固定,也就将单片机的CPU和具体的接口电路固定了下来。Proteus所提供的元件库中,大部分可以直接用于接口电路的搭建,同时该软件所提供的仪表,不论是在质量上还是在数量上,都是可靠和经济的。

(3) 可自行实验,锻炼解决实际工程问题的能力。

对单片机控制技术或智能仪表等有较深入的研究和学习,如果采用传统的实验箱学习,需要购置的设备比较多,增加了学习和研究的投入。采用仿真软件后,学习的投入变得比较小,而实际工程问题的研究,也可以先在软件环境中模拟通过,再进行硬件的投入,这样处理,不仅省时省力,也可以避免因方案不正确所造成的硬件投入的浪费。

(4) 实验过程中损耗小,基本没有元器件的损耗问题。

在传统的实验学习过程中,都涉及因操作不当而造成的元器件和仪器仪表的损毁,也涉及仪器仪表等工作时所造成的能源消耗。采用Proteus仿真软件进行的实验教学,则不存在上述问题,其在实验过程中是比较安全的。

(5) 与工程实践最为接近,可以了解实际问题的解决过程。

在进行大实验的时候,可以具体地在Proteus中做一个工程项目,最后将其移植到一个具体的硬件电路中,以利于对工程实践过程的了解和学习。

(6) 大量的范例可供学习、参考。

在进行系统的设计时,存在对已有资源的借鉴和引用处理,而该仿真系统所提供的较多的比较完善的系统设计方法和设计范例,可供学习、参考。同时,也可以在原设计上进行修改处理。

(7) 协作能力的培养和锻炼。

一个比较大的工程设计项目,是由一个开发小组协作完成的。了解和把握别人的设计意图和思维模式,是团结协作的基础。在Proteus中进行仿真实验时,所涉及的内容并不全是独立设计完成的,因此对于锻炼团结协作意识很有好处。

2.1.4 Proteus ISIS 的使用方法

1. Proteus ISIS 的启动

双击桌面上的 ISIS 6 Professional 图标或者单击屏幕左下方的"开始"→"程序"→"Proteus 6 Professional"→"ISIS 6 Professional",出现如图 2-27 所示的屏幕,表明进入 Proteus ISIS 集成环境。

特别提醒: Proteus 鼠标的基本操作与我们的一般操作习惯刚好相反,在 Proteus 中的原理图编辑区中是利用鼠标右键选中目标元件,所以刚开始的时

图 2-27 启动时的屏幕

候有些不习惯,但是使用一段时间后大家就会习惯。

2. Proteus ISIS 界面简介

安装完 Proteus 后,运行 ISIS 6 Professional,会出现如图 2-28 所示的窗口界面。

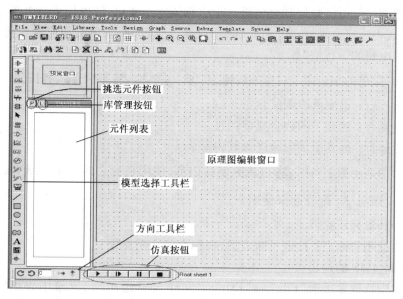

图 2-28　Proteus ISIS 的工作界面

Proteus ISIS 的工作界面是一种标准的 Windows 界面,包括标题栏、主菜单、标准工具栏、绘图工具栏、状态栏、对象选择按钮、预览对象方位控制按钮、仿真进程控制按钮、预览窗口、对象选择器窗口、图形编辑窗口。

3. Proteus ISIS 电路载入

鉴于篇幅的限制,硬件电路原理图的设计在此不做介绍,有兴趣的读者可参考相关书籍。

以打开一个已存在的设计电路为例,进入 Proteus 的 ISIS,执行"File"→"Load Design",在指定的文件夹下找到×××. dsn 硬件电路,装入硬件。

4. Proteus 的设置

右击单片机芯片 AT89S51,再左击 AT89S51,装入×××. hex 软件,如图 2-29 所示。

在 Program File 中单击 ,出现文件浏览对话框,找到×××. hex 文件,单击"确定"按钮添加文件,在"Clock Frequency"中把频率改为 11.0592MHz,单击"OK"按钮

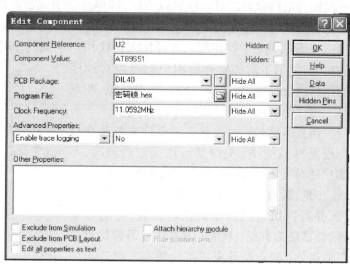

图 2-29　装入×××. hex 软件

退出。

5. Proteus 仿真调试

单击仿真运行开始按钮 ▶，或执行"Debug"→"Start/Stop Debug Session"，单击"1"，进行硬件模拟调试。可清楚地观察到每一个引脚的电平变化，红色代表高电平，蓝色代表低电平，灰色代表不确定电平(floating)。运行时，通过"Debug"菜单的相应命令仿真程序可查看相关资源及电路的运行情况。

与"Debug"菜单的相应命令对应的按钮为 ，各按钮的功能如下：

(1) 连续运行：退出单步调试状态。

(2) 单步运行：遇到子函数会直接跳过。

(3) 单步运行：遇到子函数会进入其内部。

(4) 跳出当前函数：当用 进入到函数内部，使用它会立即退出该函数，返回上一级函数，可见它应该与 配合起来使用。

(5) 运行到鼠标所在行。

(6) 添加或删除断点：设置了断点后，程序会停在断点处。

6. Proteus ISIS 的退出

在主窗口中选取菜单项"File"→"Exit"（"文件"→"退出"），屏幕中央出现提问框，询问用户是否想关闭 Proteus ISIS，单击"OK"按钮，即可关闭 Proteus ISIS。如果当前电路图修改后尚未存盘，在提问框出现前还会询问用户是否存盘。

2.1.5 目标代码下载与调试方法

1. 仿真调试方法

目标代码下载调试环境通常有软件仿真和硬件仿真两种。

- 软件仿真：这种方法主要是使用计算机软件，如 Labcenter Electronics 的 Proteus ISIS 来模拟运行实际的单片机运行，因此仿真与硬件无关的系统具有一定的优点。用户不需要搭建硬件电路就可以对程序进行验证，特别适合于偏重算法的程序。软件仿真的缺点是无法完全仿真与硬件相关的部分，因此还要通过硬件仿真来完成最终的设计。

- 硬件仿真：使用附加的硬件来替代用户系统的单片机并完成单片机全部或大部分的功能，使用了附加硬件后用户就可以对程序的运行进行控制，如单步、全速、查看资源、断点等。硬件仿真是开发过程中所必需的。

仿真器就是通过仿真头用软件来代替在目标板上的51芯片，关键是不用反复的烧写，不满意随时可以修改，在调试时可以进行单步、步入、步越、断点、执行到光标处等一系列调试手段，并可以执行到程序的任一位置，查看变量等，调试极为方便，详细使用方法可通过仿真器厂商提供；缺点是开发成本比较高。单片机仿真系统调试连接如图2-30所示。

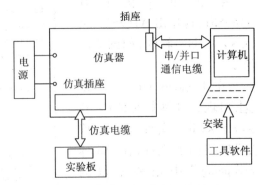

图2-30 单片机仿真系统调试连接

2. 程序下载运行方法

程序下载通常有三种方法。

(1) 编程器烧录。

用编程器把编译好的文件烧写到 MCU 芯片上去,验证其功能,调试中需要频繁地插拔芯片。一般编程器都有相应的编程器软件配合使用。

(2) ISP 在系统可编程。

ISP(In-System Programming,在系统可编程),是指电路板上的空白器件可以编程写入最终用户代码,而不需要从电路板上取下器件,已经编程的器件也可以用 ISP 方式擦除或再编程,ISP 下载方式的优点是可以在线编程,直接把程序下载到单片机目标版上,特别适合做实验的用户,无须频繁地插拔芯片,省时省力。ISP 技术是未来的发展方向。

将下载头的相关引脚引入目标板,即可方便快速地对目标板在系统编程。89S5x 系列单片机额外添加了在系统可编程 Flash 存储器,特意设计为方便在线编程,使得其下载线电路简单,且可实现并行或者串行模式的在线编程。

对 89S5x 的 Flash 在线编程技术的详细介绍可参考相关文档。下载头与目标单片机管脚连接图如图 2-31 所示,下载插座管脚图如图 2-32 所示。

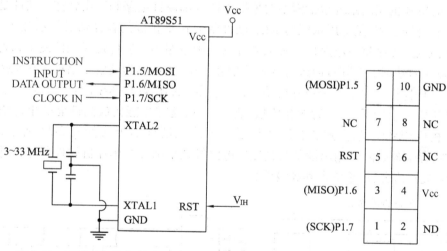

图 2-31　下载头与目标单片机管脚连接图　　图 2-32　下载插座管脚图

注意:

① ISP 在线编程只能提供给具有 ISP 功能的芯片,如 89C5x 就不可使用,其只能在并行模式下,且所需引脚多,信号复杂,下载线电路烦琐。因此,用 89C5x 的设计者只能用专业编程器下载程序。

② 设计电路板时目标单片机的 ISP 相关管脚最好专门供 ISP 使用,而不要设计其他功能。

③ 如果复位电路由 RC 电路组成,则 RESET 管脚可以直接相连,同时提醒您为了 MCU 的安全,电容不能过大,建议取值 $1\mu F$,最好不要超过 $10\mu F$。

（3）IAP 在应用中编程。

IAP（In Application Programming，在应用中编程），就是在系统运行的过程中动态编程，对程序执行代码进行动态修改。

IAP 技术应用于单片机系统的数据存储和在线升级。例如，在程序运行过程中产生 4KB 数据表，为了避免占用 SRAM 空间，用户可以使用 IAP 技术将此表写入片内 Flash。又如，用户在开发完一个系统后要增加新的软件功能，可以使用 IAP 技术在线升级程序，避免重新拆装设备。注意，不是所有的单片机都具有该功能。

2.2 单片机应用系统设计

2.2.1 单片机应用系统的组成

以单片机为电路系统的主机构成各种嵌入式应用的电路系统统称为单片机应用系统。一个完整的单片机应用系统包括满足对象要求的全部硬件电路和应用软件。硬件是组成单片机系统的物理实体，是应用系统的基础，硬件部分包括扩展的存储器、键盘、显示器、前向通道、后向通道、控制接口电路以及相关芯片的外围电路等。软件是对硬件使用和管理的程序，它在硬件的基础上对其资源进行合理调配和使用，软件的功能就是指挥单片机按预定的功能要求进行操作。对于一个单片机系统，只有系统的软、硬件紧密配合，协调一致，才能完成应用系统所要求的任务，二者相互依赖，缺一不可，这样才能构成高性能的单片机应用系统。单片机应用系统的组成如图 2-33 所示。单片机硬件的组成如图 2-34 所示，主要有 CPU、总线、存储器、输入/输出设备及其接口电路等几个部分。单片机软件程序设计语言可分为三类：机器语言、汇编语言和高级语言。

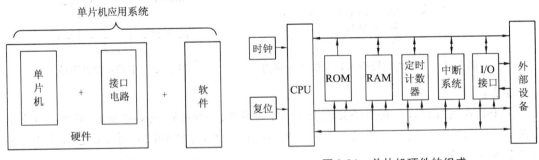

图 2-33　单片机应用系统的组成　　　　图 2-34　单片机硬件的组成

2.2.2 单片机应用系统的设计原则

1. 高可靠性

高可靠性是单片机系统应用的前提，在系统设计的每一个环节，都应该将可靠性作为首要的设计准则。提高系统的可靠性通常从以下几个方面考虑：

(1) 使用可靠性高的元器件。
(2) 采用双机系统。
(3) 设计电路板时布线和接地要合理,严格安装硬件设备及电路。
(4) 对供电电源采用抗干扰措施。
(5) 输入/输出通道抗干扰措施。
(6) 进行软硬件滤波。
(7) 系统自诊断功能。

单片机应用系统在满足使用功能的前提下,应具有较高的可靠性。这是因为一旦系统出现故障,必将造成整个生产过程的混乱和失控,从而产生严重的后果。因此,对可靠性的考虑应贯穿于单片机应用系统的整个设计过程中。

2. 操作维护方便

在进行系统的软硬件设计时,应从普通人的角度考虑操作和维护方便,尽量减少对操作人员专业知识的要求,以利于系统的推广。因此在设计时,要尽可能减少人机交互接口,多采用操作内置或简化的方法。同时,系统应配有现场故障诊断程序,一旦发生故障,能保证有效地对故障进行定位,以便进行维修。

3. 高性价比

单片机除具有体积小、功耗低等特点外,最大的优势在于高性价比。一个单片机应用系统能否被广泛使用,性价比是其中一个关键因素。因此,在设计时,除了保持高性能外,要尽可能降低成本,如简化外围硬件电路,在系统性能和速度允许的情况下尽可能用软件功能取代硬件功能等。为了使系统具有良好的市场竞争能力,在提高系统性能指标的同时,还要优化系统设计,采用硬件软化提高系统的性价比。

4. 设计周期短

只有缩短设计周期,才能有效地降低设计费用,充分发挥新系统的技术优势,及早占领市场,并具有一定的竞争力。

2.2.3 单片机应用系统的设计方法

单片机控制系统的开发是一个综合运用知识的过程,其开发步骤一般可分为六个步骤:拟制设计任务书、系统总体设计、硬件设计与调试、软件设计与调试、样机功能联调与性能测试、工艺文件编制。

这几个设计阶段并不是相互独立的,它们之间相辅相成、联系紧密,在设计过程中应综合考虑、相互协调、各阶段交叉进行。单片机系统设计研制的基本过程如图 2-35 所示。

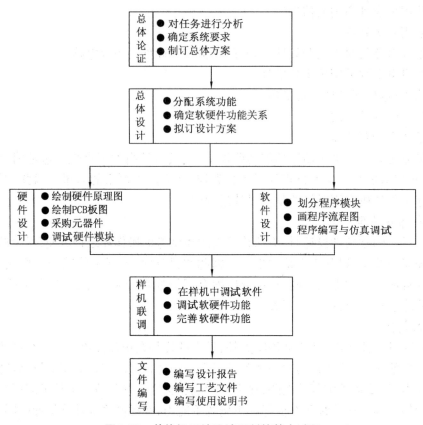

图 2-35 单片机系统设计研制的基本过程

1. 拟制设计任务书

在设计一个实际的单片机应用系统时,设计者首先应对系统的任务、控制对象、硬件资源和工作环境做出周密的调查研究,必要时还要勘察工业现场,进行系统试验,明确各项指标的要求。例如,对被控对象的调节精度、跟踪速度、可靠性等级,各种待测参数的形式,根据被控对象的动态行为寻找必需的测控点等。在此基础上,设计者还需组织有关专家对系统的技术性能、技术指标和可行性做出论证,并在分析研究基础上对设计目标、系统功能、处理方案、控制速度、输入/输出速度、存储容量、地址分配、I/O 接口和出错处理等给出符合实际的明确定义,以拟制出完整无缺的设计任务书。

2. 系统总体设计

总体方案设计是在设计任务书的基础上进行的,也是一个能影响单片机应用系统功能指标的至关重要的问题。设计中最重要的问题是:一要根据系统的目标、复杂程度、可靠性、精度和速度要求来选择一种性价比合理的单片机机型。二要慎重选购传感器。因为工业控制系统中所用的各类传感器至今还是影响系统性能的重要瓶颈。一个设计合理的工业测控系统常因传感器精度和环境条件制约而达不到预定的设计指标。

在设计总体方案时,设计者必须对所选各部分电路、元器件和各实测点传感器进行综合比较。这种比较应在局部试验的基础上进行。研制大型工业测控系统时,往往需多方协作、联合攻关,因此总体方案中应当大致规定出接口电路地址、监控程序结构、用户程序要求、上下位机的通信协议、系统软件的内存驻留区域以及采样信号的缓冲区域等。

系统总体设计是单片机系统设计的前提,合理的总体设计是系统成败的关键。总体设计的关键在于对系统功能和性能的认识和合理分析,系统单片机及关键芯片的选型,系统基本结构的确立和软、硬件功能的划分。选择芯片时主要考虑的因素为容量、速度、接口数量、综合功能等。

3. 硬件设计与调试

硬件设计的任务是根据总体设计给出的系统结构框图,逐个设计每一个功能单元的详细电路原理图,最后综合成为一个完整的硬件系统。

硬件电路设计包含两部分内容:

(1) 系统扩展,即单片机内部的功能单元,如 ROM、RAM、I/O、定时器/计数器、中断系统等不能满足应用系统的要求时,必须在片外进行扩展,选择适当的芯片,设计相应的电路。

(2) 系统配置,即按照系统功能要求配置外围设备,如键盘、显示器、打印机、A/D 或 D/A 转换器等,设计合适的接口电路。

4. 软件设计与调试

软件是单片机应用系统中的一个重要组成部分,在单片机应用系统研制过程中,软件设计部分是工作量最大,也是最困难的任务。一般计算机软件包括系统软件和用户软件两种,而单片机应用系统中的软件只有用户软件,即应用系统软件。软件设计的关键是确定软件应完成的任务及选择相应的软件结构。

软件设计通常分为系统定义、软件结构设计和程序设计三个步骤。

5. 样机功能联调与性能测试

单片机应用系统的总体调试是系统开发的重要环节。当完成了单片机应用系统的硬件、软件设计和硬件组装后,便可进入单片机应用系统调试阶段。系统调试的目的是要查出用户系统中硬件设计与软件设计中存在的错误及可能出现的不协调问题,以便修改设计,最终使用户系统能正确可靠地工作。

6. 工艺文件编制

文件不仅是设计工作的结果,而且是以后使用、维修以及进一步再设计的依据。因此,对工艺文件一定要精心编写、描述清楚,使数据及资料齐全。

文件应包括:设计任务书(任务描述、设计的指导思想及方案论证)、性能测定及现场使用报告与说明、使用指南、软件资料(流程图、子程序使用说明、地址分配、程序清单)、硬件资料(电路原理图、元件布置图及接线图、接插件引脚图、线路板图、注意事项)等。

2.2.4 单片机应用系统的调试方法

1. 硬件调试方法

单片机系统的硬件调试和软件调试是不能完全分开的,许多硬件错误是在软件调试中发现和被纠正的。但通常是先排除明显的硬件故障以后,再和软件结合起来调试。

(1) 查找明显的硬件故障。

① 逻辑错误。

样机硬件的逻辑错误是由于设计错误和加工过程中的工艺性错误所造成的。这类错误包括错线、开路、短路,其中短路是最常见也是最难以排除的故障。单片机系统的体积往往很小,印刷板的布线密度很高,由于工艺原因经常造成引线与引线之间的短路。开路常常是由于金属化孔不好,或接插件接触不良所造成的。

② 元器件失效。

元器件失效的原因有两个方面,一是元器件本身损坏或性能差,诸如电阻、电容的型号参数选择不正确,集成电路损坏,或速度、功耗等技术参数不合格等。二是组装错误造成的元器件失效,诸如电容、二极管、三极管的极性错误,集成块安装方向颠倒等。

③ 可靠性问题。

系统不可靠的因素很多,如金属化孔、开关或插件的接触不良所造成的时好时坏;内部和外部的干扰;电源滤波电路不完善;器件负载超过额定值造成的逻辑不稳定;地线电阻大;电源质量差,电网干扰大;等等。

④ 电源故障。

若样机中存在着电源故障,则加电后将造成元器件损失,因此应需特别注意。电源故障包括:电压数值不符合设计要求或超出器件工作电源正常值,或电源极性错误,或电源之间的错误,或电源质量指标不合格(包括稳定性、纹波等技术指标)。

(2) 静态调试。

在样机加电之前,先用多用表等工具,根据硬件逻辑设计图仔细检查样机线路的正确性,核对元器件的型号、规格和安装是否符合要求。应特别注意检查电源系统,以防止电源短路和极性错误,并重点检查系统总线(地址总线、数据总线和控制总线)是否存在相互之间短路或和其他信号线短路。

(3) 动态调试。

加电后检查各插件上引脚的电位,仔细测量各电位是否正常,尤其应注意CPU插座的各点电位,若有高压,当进行联机仿真器调试时,将会损坏仿真器的器件。

2. 软件调试方法

在基本上排除了目标样机的硬件故障以后,就可以进入软硬件综合调试阶段,这个阶段的主要任务是排除软件错误,也解决硬件的遗留问题。软件调试可以一个模块一个模块地进行。下面我们对常见故障进行分析。

① 程序跳转错误。

程序运行不到指定的地方,或发生死循环,通常是由于错用了指令或设错了标号引起的。

② 程序计算错误。

对于计算程序,经过反复测试后,才能验证它的正确性。程序计算错误通常可归为两类:一类是计算方法错误,这是一种根本性错误,必须通过重新设计算法和编制程序来纠正;另一类是编码错误,是由于错误指令造成的,这种错误可以通过修改局部程序来纠正。

③ 输入/输出错误。

这类错误包括数据传送出错,外围设备失控,没有响应外部中断等。这类错误通常也是固定性的,而且硬件错误和软件错误常常交织在一起。

④ 动态错误。

用单拍、断点仿真运行命令,一般只能测试目标系统的静态功能;目标系统的动态性能要用全速仿真命令来测试,这时应选目标机中的晶振电路工作。

系统的动态性能范围很广,如控制系统的实时响应速度,显示器的亮度,定时器的精度,波形发生器的频率,CPU 对各中断请求的响应速度,等等。若动态性能没有达到系统设计指标,有的是由于元器件速度不够造成的,更多的是由于多个任务之间的关系处理不恰当引起的。调试时应从两方面来考虑。

⑤ 上电复位电路错误。

联机调试是指在排除了硬件和软件的一切错误故障,并将程序固化到 EPROM,插入样机后,系统能正常地运行,此时联机仿真告一段落。一般情况下,插上 CPU,目标系统便研制完成。在个别情况下,脱机以后目标机工作不正常。这主要是由于上电复位电路故障造成的。脱机加电后,若没有初始复位,则系统不会正常运行。这种错误联机时是无法测试出来的,因为单 CPU 仿真器,上电后是由仿真器中的复位电路复位。

3. 总体联调方法

根据调试环境不同,系统联调又分为模拟调试与现场调试。各种调试所起的作用是不同的,它们所处的时间段也不一样,不过它们的目的都是为了查出用户系统中存在的错误或缺陷及可能出现的不协调问题,以便修改设计,最终使用户系统能正确可靠地工作。

系统联调中,程序设计的正确性是最为重要的,但也是难度最大的。一种最简单和原始的开发流程是:编写程序→烧写芯片→验证功能,这种方法对于简单的小系统是可以对付的,但在大系统中使用这种方法则是完全不可能的,必须要用单片机仿真系统调试。

2.3 项目演练:信号灯控制器的设计

1. 任务描述

信号灯在工厂企业、交通运输业、商业、学校等各个行业应用非常广泛,信号灯有各种各样的类型,用途也各不相同。信号灯不同的颜色、不同的形状、不同的亮暗规律等都表示不同的含义,因此,对信号灯的控制尤为重要。信号灯的控制有多种方式,如机械开关控制方式、电气开关控制方式、数字逻辑电路控制方式、可编程逻辑器件 PLD 控制方式、单片机控制方式等。其中,应用单片机对信号灯控制,具有控制电路简单、控制灵活、操作方便等一系列优点,应用非常广泛。

本项目是用单片机设计一个信号灯控制器,要求:单片机接一个发光二极管(LED)L1 和一个独立按键 S1,发光二极管显示按键的状态。即按下 S1 时,L1 点亮;松开 S1 时,L1 灭。

2. 总体设计

本项目的设计需要硬件与软件两大部分协调完成。系统硬件电路以 AT89S51 单片机控制器为核心,包括单片机最小系统硬件电路、按键电路和 LED 信号灯电路几个部分。信号灯控制器的系统结构图如图 2-36 所示。软件部分主要实现对按键的状态判断及 LED 灯的亮灭控制。

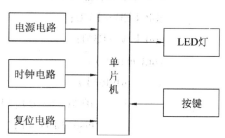

图 2-36 信号灯控制器的系统结构图

3. 硬件设计

信号灯控制器的硬件电路如图 2-37 所示。实现该任务的硬件电路中包含的主要元器件有 AT89S51 1 片、按键 1 个、LED 灯 1 个、12MHz 晶振 1 个、电阻和电容等若干。

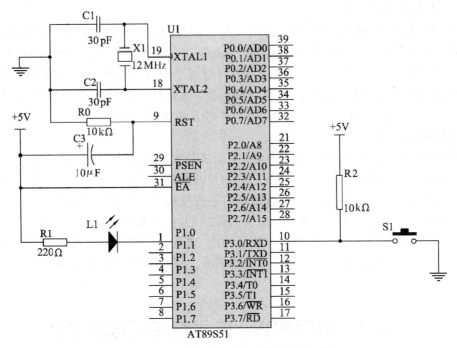

图 2-37　信号灯控制器硬件电路原理图

P3.0 口作为输入口使用,所以将按键 S1 接至 P3.0。按键在没有被按下时,输入引脚上保持为高电平。当按键被按下时,单片机的输入引脚被接地。其中 10kΩ 的电阻 R2 为限流电阻。

选择 P1.0 作为输出口使用,将 LED 灯 L1 接至 P1.0。R1 为其限流电阻,其参数选择为 220Ω。当 P1.0 输出低电平时灯亮,当 P1.0 输出高电平时灯灭。

整个系统工作时,单片机读取按键的状态,并将按键的状态送 LED 显示。

4. 软件设计

(1) 程序流程图如图 2-38 所示。

(2) 源程序如下:

```
#include <reg51.h>
sbit LED = P1^0;
sbit key = P3^0;
void main()
{
    while(1)
    {
        if(key==0){LED=0;}
        else{LED=1;}
    }
}
```

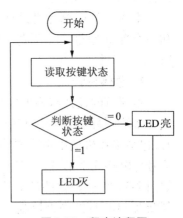

图 2-38　程序流程图

5. 虚拟仿真与调试

（1）打开 Proteus ISIS 软件，装载本项目的硬件图。

（2）将 Keil μVision 3 软件开发环境下编译生成的 HEX 文件装载到 Proteus 虚拟仿真硬件电路中的 AT89S51 芯片里。

（3）启动仿真运行后，在"Debug"菜单下，打开相应的部件，仔细观察运行结果，如果有不符合设计要求的情况，调整源程序并重复步骤（1）（2），直至其完全符合本项目提出的各项设计要求为止。

特别说明：在后续各项目中，虚拟仿真与调试方法及步骤均同此项目，在以后项目中不再赘述。

信号灯控制器 Proteus 仿真硬件电路图如图 2-39 所示。观察调试结果如下：当按下 S1 时灯 L1 点亮，松开 S1 后灯 L1 灭。P3.0 口接的按键状态确实在相应的 LED 灯上得到反映，可以确定 P3.0 起输入口的作用，P1.0 起输出口的作用。

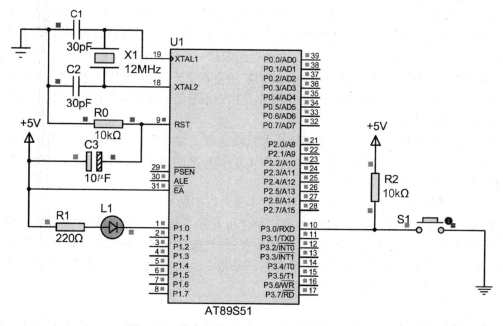

图 2-39　信号灯控制器 Proteus 仿真硬件电路图

6. 硬件制作与调试

（1）元器件采购。

采购清单见表 2-1。

表 2-1　元器件清单

序号	器件名称	规格	数量	序号	器件名称	规格	数量
1	单片机	AT89S51	1	6	电阻	220Ω	1
2	电解电容	10μF	1	7	轻触按键	5.5×5.5	1
3	瓷介电容	30pF	2	8	发光二极管	Φ5	1
4	晶振	12MHz	1	9	印制板	PCB	1
5	电阻	10kΩ	2	10	集成电路插座	DIP40	1

（2）硬件制作。

对照元器件表，检查所有元器件的规格、型号有无错误，如有及时纠正。检查硬件PCB版图是否符合设计要求，并按电子组装工艺焊接要求焊接电路板。

（3）调试方法与步骤。

① 电路板静态检查。

对照元器件表，检查所需元器件的规格、型号有无错误。对照原理图仔细检查有无错线、短路、断路等故障。需要重点关注单片机最小系统的构建是否正确，包括晶振的选择，各电阻、电容的大小及类型的选择。还需要关注有极性的器件——LED及电解电容等的极性有无接错，AT89S51芯片有无插反，轻触按键四个脚的接法是否正确、有无短接。还应特别注意电源系统的检查，以防止电源短路和极性错误，并重点检查系统信号线是否存在相互之间短路。

② 电路板通电检查。

检查电源电压的幅值和极性无误后给电路板通电。加电后检查各插件上引脚的电位，一般先检查Vcc与GND之间电位，若电位在4.8~5V之间属正常。若有高压，调试时会使应用系统中的集成块发热损坏。

③ 程序在线仿真（没有仿真器的用户此步骤可以不做）。

将生成的目标文件（HEX文件）装载到单片机开发系统的仿真RAM中。运行程序，观察到如下结果：按下按键S1，则发光二极管点亮；松开按键S1后，该灯灭。也可采用单步运行（Step）、设置断点等方法调试程序，观察每一条指令运行后电路板上交通灯的状态变化。若与功能不符，建议检查程序，修改功能。

④ 程序装载。

确认仿真结果正确后，将生成的HEX文件通过ISP在线编程或编程器直接烧写到单片机中。若使用编程器烧写，再反复烧写拔插芯片，可将写好程序的AT89S51芯片插入电路板的相应位置（注意芯片的槽口），接上电源启动运行，观察结果。

若通过ISP在线编程，只要将ISP电缆和目标板的ISP接口连接后，就可以不拔下单片机芯片，直接对实验板内部程序进行下载更新，彻底告别以前用普通编程器反复烧写拔插芯片的烦恼。程序下载完成后自动运行，具有所见即所得的特点，效率较高。本项目中采用的单片机AT89S51具有在线编程（ISP）的功能，通常采用在线编程。

⑤ 结果分析。

程序正常运行后观察运行结果是否与仿真结果一致。若调试结果不符合设计的要求，对硬件电路和软件进行检查，重复调试。

⑥ 硬件调试注意事项。

● 在系统进行硬件调试时会发现通电后电路板不工作，首先用示波器检查ALE脚及

XTAL2 脚是否有波形输出(也可以用多用表测量这两个脚对地电压,若为电源电压一半左右即表示有振荡信号)。若没有波形输出,需要检查单片机最小系统接线是否正确。单片机最小系统必须满足基本的硬件条件,系统才能正常工作,尤其采用单片机芯片内部的程序存储器时,$\overline{EA}$ 脚一定要接高电平。

- 在系统进行硬件调试时可能会出现 LED 不亮,此时应检查 LED 的极性是否接反、限流电阻的选择是否合适、电路是否虚焊以及 LED 是否损坏。
- 在系统进行硬件调试时可能出现按键不起作用,此时应检查按键接线是否正确、电阻选择是否合适及电路是否虚焊。
- 若选择 ISP 在线编程,在使用下载头之前,必须检查目标板电源是否短路,以及各 ISP 相关引脚是否接错。

特别说明: 在后续各项目中,硬件制作和调试方法与步骤均同此项目,在以后项目中不再赘述。

7. 能力拓展

将 LED 灯接至 P2.1,按键 S1 接至 P2.6,要求:按键按下时,LED 点亮;按键释放时,LED 熄灭。

单元小结

要学习单片机技术,必须从单片机项目开发入门,了解单片机开发环境,掌握单片机开发工具的使用方法和单片机开发的步骤。

Keil μVision3 IDE 是一个基于 Window 的开发平台,包含一个高效的编辑器、一个项目管理器和一个 MAKE 工具。利用本工具可以编译 C 源代码,汇编源程序,连接和重定位目标文件和库文件,创建 HEX 文件调试目标程序。

Proteus ISIS 是目前最好的模拟单片机外围器件的工具,可以仿真 51 系列、AVR、PIC 等常用的 MCU 及其外围电路(如 LCD、RAM、ROM、键盘、马达、LED、A/D 或 D/A 转换器、部分 SPI 器件、部分 IIC 器件等)。当然,软件仿真精度有限,而且不可能所有的器件都能找得到相应的仿真模型,用开发板和仿真器当然是最好选择,但会花费大量的财力、物力、人力,在学习单片机的初级阶段,如果自己动手用 Proteus 模拟做做 LCD、LED、A/D 或 D/A 转换器、直流马达、SPI、IIC、键盘等小实验,可快速提高学习兴趣和进度。

采用 Proteus 仿真软件进行虚拟单片机实验,具有涉及的实验内容全面、硬件投入少、可自行实验、实验过程中损耗小、与工程实践最为接近等优点。

单片机控制系统开发的六个设计阶段并不是相互独立的,它们之间相辅相成、联系紧密,在设计过程中应综合考虑、相互协调、各阶段交叉进行。

1. 简述单片机应用系统设计的一般方法和步骤。
2. 常用的单片机应用系统开发方法有哪些?
3. 设计单片机应用系统时,硬件设计和软件设计主要包含哪些内容?

第3章 单片机程序设计——C51 语言基础

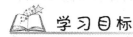

● 掌握C51语言的数据类型、主要关键字、标识符、常量和变量、存储器形式和存储器模式。

● 掌握C51语言的运算符、表达式、基本语句、数组和指针等概念,掌握C51语言的函数定义和函数调用的方法。

● 在熟练掌握C51语法知识的基础上,能灵活编写单片机控制程序。

3.1 C51语言初步

3.1.1 程序设计的基本概念

1. 程序的基本概念

一台计算机只有硬件电路是不能工作的,还需要相应的软件的配合,才可以发挥作用。软件设计也叫程序设计,就是编写程序的过程。程序就是一系列有序指令的集合,是指人们按照自己的思维逻辑,使计算机按照一定的规律进行各种操作,以实现某种特定的控制功能。计算机执行不同的程序就可完成不同的任务。单片机的程序设计不但技巧性较高,而且具有软、硬件结合的特点,关系到单片机应用系统的特性和运行效率。

2. 程序设计的语言

对单片机而言,程序设计的语言主要有:机器语言、汇编语言和高级语言。在本书中,主要采用高级语言即C语言进行编程,下面先简单介绍三种编程语言。

(1) 机器语言。

机器语言是一种能为计算机直接识别和执行的机器级语言,它为二进制形式,机器语言不易为人们所识别和读写,用机器语言编写程序具有难编写、难读懂、难查错和难交流等缺点,因此,人们通常不用它进行程序设计。

(2) 汇编语言。

单片机的汇编语言是一种用文字助记符来表示机器指令的符号语言,是最接近机器码的一种语言。其主要优点是占用资源少,程序执行效率高,由于它一条指令就对应一条机器码,每一步的执行动作都很清楚,并且程序大小和堆栈调用情况都容易控制,调试起来也比较方便。汇编语言程序设计可以在空间和时间上充分发掘微型计算机的潜力,是一种经久不衰广泛用于编写实时控制程序的计算机语言。

但是不同类型的单片机的指令系统是有区别的,因此,其汇编语言会有差异,不易移植。本教材对汇编语言不做详细介绍,有兴趣的同学可以参看附录中关于 MCS-51 系列单片机的汇编语言指令系统,MCS-51 系列单片机的指令系统共有 111 条指令,可以实现 51 种基本操作。

(3) 高级语言。

高级语言是面向过程和问题并能独立于机器的通用程序设计语言,是一种接近人们自然语言和常用数学表达式的计算机语言,如 C 语言、BASIC 等。因此,人们在利用高级语言编程时可以不用去了解机器内部结构,而把主要精力集中于掌握语言的语法规则和程序的结构设计方面。它易学、易懂且通用性强,易于在不同类型的计算机间移植。

目前,最广泛使用的单片机程序设计语言是 C 语言。为了区别 C 语言运行于普通的平台,人们也经常会把运行于 51 单片机平台上的 C 语言称为 C51 语言。C51 语言具有 C 语言结构清晰的优点,便于学习,同时具有汇编语言的硬件操作能力。本教材重点介绍 C51 语言编程技术。

3.1.2　C51 语言程序结构

1. C51 语言程序结构及特点

单片机 C51 语言兼备高级语言与低级语言的优点,语法结构和标准 C 语言基本一致,语言简洁,便于学习。该语言运行于单片机平台,支持的微处理器种类繁多,可移植性好。对于兼容的 51 系列单片机,只要将一个硬件型号下的程序稍加修改,甚至不加改变,就可移植到另一个不同型号的单片机中运行。采用 C51 语言设计单片机应用系统程序时,首先要尽可能地采用结构化的程序设计方法,这样可使整个应用系统程序结构清晰,易于调试和维护。对于一个较大的程序,可将整个程序按功能分成若干个模块,不同的模块完成不同的功能。对于不同的功能模块,分别指定相应的入口参数和出口参数,而经常使用的一些程序最好编成函数,这样既不会引起整个程序管理的混乱,还可增强可读性与可移植性。下面结合单元 2 的项目程序介绍 C51 语言程序结构。

```
#include <reg51.h>   ——→指定头文件
sbit LED = P1^0;  ⎫
sbit key = P3^0;  ⎬ 位变量定义
void main()   ——→主函数
{
    while(1)
    {   if(key==0){LED=0;}      ⎫
        else{LED=1;}            ⎬ 函数体
    }                           
}
```

通过以上的例子,我们可以看到:
* C51 程序是由函数构成的。一个 C51 源程序至少包含一个函数(main 函数),也可

以包含一个 main 函数和若干个其他函数。因此,函数是 C51 程序的基本单位。

- 一个函数由两部分组成:函数的说明部分和函数体。

(1) 函数的说明部分,包括函数名、函数类型、函数属性、函数的参数名、参数的类型。

(2) 函数体,即函数说明部分下面的一对大括号 { …… } 中的内容。函数体一般包括变量定义和执行部分,执行部分由若干语句组成。

- 一个 C51 程序总是从 main 函数开始执行,而不管这个 main 函数是处在程序的什么位置。

- C51 程序书写自由,可以一行写几个语句,也可以几行写一个语句,但建议采用比较严格的书写方式。

- 每个语句和数据定义的最后必须加分号。

- 可以用"/* */"的形式注释,keil C 也支持 C++ 风格的"//"形式注释。

C51 源程序文件的扩展名为".c",如 time.c、EX1_2.c 等。可以看出,C51 程序与普通 C 语言程序结构基本相同,本例程序使用了预处理命令#include,它告诉编译器在编译时将头文件 reg51.h 读入后一起编译。

C51 编译库提供了十分丰富的库函数,库函数 scanf() 和 printf() 用来实现变量的输入和输出。C 语言本身没有输入/输出功能,输入/输出需要通过函数调用来实现。需要注意的是,C51 提供的输入/输出库函数是通过 51 单片机串行口来实现的,因此,在调用库函数 scanf() 和 printf() 之前,必须对 51 单片机的串行口进行初始化。

C51 语言规定,同一个字母由于大小写的不同可以代表两个不同的变量,如 scon 和 SCON 在 C51 语言程序中会被认为是两个完全不同的变量,这也是 C51 语言的一个特点。一般的习惯是在普通情况下采用小写字母,对于一些具有特殊意义的变量或常数采用大写字母,如 51 单片机特殊功能寄存器 SCON、TMOD、TCON 和 TH1 等均采用了大写字母。

2. 关于头文件 reg51.h 说明

在 C51 程序中,第一条语句通常都是#include < reg51.h >,意思是将"reg51.h"的头文件加载进程序中。"reg51.h"是一些编译软件自带的 51 系列单片机特殊功能寄存器声明文件,这个头文件中包含了对 P0~P3 I/O 口、中断系统等几乎内部所有特殊功能寄存器的声明,其文件名"reg51.h"中的"reg"就是英文"register"(寄存器)的缩写。对特殊功能寄存器进行声明后,编写程序时就不需要使用难以记忆的寄存器地址来对寄存器进行操作了,每个寄存器都被声明了特定的人类容易记忆的名字,编程更加方便。

3.2 标识符、关键字与数据类型

3.2.1 标识符与关键字

1. 标识符

C 语言的标识符是用来标识源程序中某个对象名字的。这些对象可以是函数、变量、常量、数组、数据类型、存储方式、语句等。一个标识符由字符、数字和下划线等组成,第一个字符必须是字母或下划线。C 语言对大小写敏感。程序中标识符的命名应当简洁明了,含义清晰,便于阅读理解。

2. 关键字

关键字是一组具有固定名称和特定含义的特殊标识符,有时又称保留字。在编写 C 语言源程序时,一般不允许将关键字另作别用,也就是对于标识符的命名不要与关键字相同。C 语言的关键字比较少,ANSI C 标准一共规定了 32 个关键字,如表 3-1 所示。

表 3-1 ANSI C 标准的关键字

关键字	用途	说明	关键字	用途	说明
auto	存储种类声明	声明局部变量	int	数据类型声明	基本整型
break	程序语句	退出循环体	long	数据类型声明	长整型
case	程序语句	switch 的选项	register	存储种类声明	寄存器变量
char	数据类型声明	字符型	return	程序语句	函数返回
const	存储种类声明	常量型	short	数据类型声明	短整型
continue	程序语句	直接转下次循环	signed	数据类型声明	有符号数据类型
defaut	程序语句	switch 的选项	sizeof	运算符	计算字节数
do	程序语句	构成循环	static	存储种类声明	表态变量
double	数据类型声明	双精度型	struct	数据类型声明	结构类型
else	程序语句	构成选择结构	switch	程序语句	构成选择结构
enum	数据类型声明	枚举	typedef	数据类型声明	数据类型重定义
extern	存储种类声明	外部变量	union	数据类型声明	联合类型
float	数据类型声明	单精度浮点型	unsigned	数据类型声明	无符号数据类型
for	程序语句	构成循环	void	数据类型声明	无值型
goto	程序语句	转移	volatile	数据类型声明	
if	程序语句	构成选择结构	while	程序语句	构成循环

C51 编译器除了支持 ANSI C 标准的关键字以外,还根据 51 单片机自身特点扩展了如表 3-2 所示的关键字。

表 3-2 C51 编译器的扩展关键字

关键字	用途	说明
_at_	地址定位	为变量进行存储器绝对空间地址定位
alien	函数特性声明	用以声明与 PL/M51 兼容的函数
bdata	存储器类型声明	可位寻址的 8051 内部数据存储器
bit	位变量声明	声明一个位变量或位类型的函数
code	存储器类型声明	8051 程序存储器空间
compact	存储器模式	指定 51 外部分页寻址数据存储器空间
data	存储器类型声明	直接寻址的 8051 内部数据存储器

续表

关键字	用 途	说 明
idata	存储器类型声明	间接寻址的8051内部数据存储器
interrupt	中断函数声明	定义一个中断服务函数
large	存储器模式	指定使用8051外部数据存储器空间
pdata	存储器类型声明	分页寻址的8051外部数据存储器
priority	多任务优先声明	规定RTX51或RTX51 Tiny的任务优先级
reentrant	再入函数声明	定义一个再入函数
sbit	位变量声明	声明一个可位寻址变量
sfr	特殊功能寄存器声明	声明一个8位的特殊功能寄存器
sfr16	特殊功能寄存器声明	声明一个16位的特殊功能寄存器
small	存储器模式	指定使用8051内部数据存储器空间
task	任务声明	定义实时多任务函数
using	寄存器组定义	定义8051的工作寄存器组
xdata	存储器类型声明	8051外部数据存储器

3.2.2 数据类型

1. 编译器支持的数据类型

编译器所支持的数据类型见表3-3,其中,bit、sbit、sfr和sfr16为51单片机硬件和C51及C251编译器所特有,它们不是ANSI C的一部分,也不能用指针对它们进行存取。

表3-3 Keil μVision3 C51编译器所支持的数据类型

数据类型	字节	位	值 域
unsigned char	1	8	0~255
signed char	1	8	−128~+127
unsigned int	2	16	0~65535
signed int	2	16	−32768~+32767
unsigned long	4	32	0~4294967295
signed long	4	32	−2147483648~+2147483647
float	4	32	±1.175494E−38~±3.402823E+38
*	1~3	8~24	对象的地址
bit		1	0或1
sfr	1	8	0~255
sfr16	2	16	0~65535
sbit		1	0或1

2. sfr 与 sfr16

51系列单片机具有多种内部寄存器,其中一些是特殊功能寄存器,如定时器方式控制寄存器TMOD、中断允许控制寄存器IE等。为了能够直接访问这些特殊功能寄存器,Keil

Cx51 编译器扩充了关键字 sfr 和 sfr16,利用这种扩充关键字可以在 C 语言源程序中直接对 51 单片机的特殊功能寄存器进行定义。定义方法如下:

  sfr 特殊功能寄存器名 = 地址常数;

例如:

  sfr P0 = 0x80;   /* 定义 I/O 口 P0,其地址为 0x80 */

这里需要注意的是,在关键字 sfr 后面必须跟一个标识符作为寄存器名,名字可任意选取,但应符合一般习惯。等号后面必须是常数,不允许有带运算符的表达式,而且该常数必须在特殊功能寄存器的地址范围之内(0x80 ~ 0xFF)。

在部分 51 单片机中,特殊功能寄存器经常组合成 16 位来使用。采用关键字 sfr16 可以定义这种 16 位的特殊功能寄存器。

3. sbit

在 51 系列单片机应用系统中经常需要访问特殊功能寄存器中的某些位,Keil Cx51 编译器为此提供了一个扩充关键字 sbit,利用它定义可位寻址对象。定义方法有如下三种:

(1) sbit 位变量名 = 位地址。

这种方法将位的绝对地址赋给位变量,位地址必须位于 0x80 ~ 0xFF 之间。例如:

  sbit OV = 0xD2;
  sbit CY = 0xD7;

(2) sbit 位变量名 = 特殊功能寄存器名^位位置。

当可寻址位位于特殊功能寄存器中时可采用这种方法,"位位置"是一个 0 ~ 7 之间的常数。例如:

  sfr PSW = 0xD0;
  sbit OV = PSW^2;
  sbit CY = PSW^7;

(3) sbit 位变量名 = 字节地址^位位置。

- 这种方法以一个常数(字节地址)作为基地址,该常数必须在 0x80H ~ 0xFF 之间。"位位置"是一个 0 ~ 7 之间的常数。例如:

  sbit OV = 0xD0^2;
  sbit CY = 0xD0^7;

- 当位对象位于 51 单片机片内存储器中可位寻址区时,称为"可位寻址对象"。Keil Cx51 编译器提供了一个 bdata 存储器类型,允许将具有 bdata 类型的对象放入单片机片内可位寻址区。例如:

  int bdata ibase;   //在位寻址区定义一个整型变量 ibase
  char bdata bary[4];   //在位寻址区定义一个数组 array[4]

使用关键字 sbit 可以独立访问可位寻址对象中的某一位。例如:

  sbit mybit0 = ibase^0;
  sbit mybit15 = ibase^15;
  sbit Ary07 = bary[0]^7;
  sbit Ary37 = bary[3]^7;

采用这种方法定义可位寻址变量时要求基址对象的存储器类型为 bdata,操作符"^"后面"位位置"的最大值取决于指定的基地址类型。对于 char 类型来说是 0~7；对于 int 类型来说是 0~15；对于 long 类型来说是 0~31。

4. bit 的使用

关键字 bit 是 Keil Cx51 编译器的一种扩充数据类型,用来定义一个普通位变量,该位变量将会存放在片内 RAM 的位寻址区 0x20~0x2f 之间,该位变量的值是二进制数的 0 或 1。一个函数中可以包含 bit 类型的参数,函数的返回值也可为 bit 类型,但是不能定义位指针,也不能定义位数组。例如:

```
static bit direction_bit          // 定义一个静态位变量 direction_bit
extern bit lock_prt_port          // 定义一个外部位变量 lock_prt_port
bit bfunc(bit b0, bit b1);        // 定义一个返回位型值的函数 bfunc
                                  // 函数中包含有两个位型参数 b0 和 b1
{
    ...
    return(b1)                    // 返回一个位型值 b1
}
```

3.3 常量、变量及其存储模式

对于基本数据类型量,按其取值是否可改变分为常量和变量两种。在程序执行过程中,其值不发生改变的量称为常量,其值可变的量称为变量。它们可与数据类型结合起来分类。例如,可分为整型常量、整型变量、浮点常量、浮点变量、字符常量、字符变量、枚举常量、枚举变量。在程序中,常量是可以不经说明而直接引用的,而变量则必须先定义后使用。整型量包括整型常量、整型变量。

3.3.1 常量

在程序执行过程中,其值不发生改变的量称为常量。常量主要分为直接常量、字符常量和符号常量。

(1) 直接常量(字面常量)。

整型常量: 如 12、0、-3、01100B、64D、3A1H。

实型常量: 如 4.6、-1.23、1001.1011B。

(2) 字符常量: 如'a'、'b'等。

(3) 符号常量: 用标识符代表一个常量。在 C 语言中,可以用一个标识符来表示一个常量,称之为符号常量。符号常量在使用之前必须先定义,其一般形式如下:

    #define 标识符   常量

其中,#define 是一条预处理命令(预处理命令都以"#"开头),称为宏定义命令,其功能是把该标识符定义为其后的常量值。一经定义,以后在程序中所有出现该标识符的地方均代之以该常量值。习惯上符号常量的标识符用大写字母,变量标识符用小写字母,以示区别。例如:

#define　A1　　58　　　　　　　　　　　//定义符号常量 A1 为 58

　　符号常量与变量不同,它的值在其作用域内不能改变,也不能再被赋值。使用符号常量的好处是:含义清楚,能做到"一改全改"。

3.3.2　变量及其存储类型

　　变量是一种在程序执行过程中其值能不断变化的量。使用一个变量之前,必须进行定义,用一个标识符作为变量名并指出它的数据类型和存储模式,以便编译系统为它分配相应的存储单元。在 C51 中对变量进行定义的格式如下:

　　　　[存储种类] 数据类型 [存储器类型] 变量名表;
其中,"存储种类"和"存储器类型"是可选项。

　　存储种类有四种:自动(auto)、外部(extern)、静态(static)和寄存器(register)。定义一个变量时,如果省略存储种类选项,则该变量将为自动(auto)变量。

　　定义一个变量时,除了需要说明其数据类型之外,C51 编译器还允许说明变量的存储器类型。Keil C51 编译器完全支持 51 系列单片机的硬件结构和存储器组织,对于每个变量,可以准确地赋予其存储器类型,使之能够在单片机系统内准确地定位。表 3-4 列出了 Keil C51 编译器所能识别的存储器类型。

表 3-4　Keil C51 编译器所能识别的存储器类型

存储器类型	说　明
data	直接寻址的片内数据存储器(128B),访问速度最快
bdata	可位寻址的片内数据存储器(16B),允许位与字节混合访问
idata	间接访问的片内数据存储器(256B),允许访问全部片内地址
pdata	分页寻址片外数据存储器(256B)
xdata	片外数据存储器(64KB)
code	程序存储器(64KB)

　　访问内部数据存储器将比访问外部数据存储器快得多。由于这个原因,应该把频繁使用的变量放在内部数据存储器中,把很少使用的变量放在外部数据存储器中。这通过使用 SMALL 模式将很容易就做到。若定义变量时包括存储器类型,可以将此变量存储在你想要的存储器中。

　　在进行程序设计的时候经常需要给一些变量赋以初值,C 语言允许在定义变量的同时给变量赋初值。下面是一些变量定义的例子。

　　　　char data var1;　　　　　// 在 data 区定义字符型变量 var1
　　　　int idata var2;　　　　　 // 在 idata 区定义整型变量 var2
　　　　int a = 5;　　　　　　　　// 定义变量 a,初值为 5,位于由编译模式确定的
　　　　　　　　　　　　　　　　　// 默认存储区
　　　　char code text[ ] = "ENTER PARAMETER:";
　　　　　　　　　　　　　　　　　// 在 code 区定义字符串数组

```
unsigned char xdata vecter[10][4][4];
                           //在xdata区定义无符号字符型三维数组变量
                           // vecter[10][4][4]
static unsigned long xdata array[100];
                           //在xdata区定义静态无符号长整型数组
                           //变量array[100]
extern float idata x,y,z;   //在idata区定义外部浮点型变量x,y,z
char xdata  *px;           //在xdata区定义一个指向对象类型为char的指针px
                           //指针px自身在默认存储区(由编译模式确定)
char xdata  *data pdx;     //指针pdx定位于内部数据存储器区(data)之外
                           //指向对象类型为在xdata区的char,由于都指定
                           //了存储器类型,所以与编译模式无关
extern bit data lock_prt_port;  //在data区定义一个外部位变量
char bdata flags;          //在bdata区定义字符型变量/
sbit flag0 = flags^0;      //在bdata区定义可位寻址变量
sfr P0 = 0x80;             //定义特殊功能寄存器P0
sfr16 T2 = 0xCC;           //定义特殊功能寄存器T2
```

3.3.3 系统默认的存储器模式

如果在变量的定义中,没有包括存储器类型,将自动选用默认或暗示的存储器类型。暗示的存储器类型适用于所有的全局变量和静态变量,还有不能分配在寄存器中的函数参数和局部变量。默认的存储器类型由编译器的参数SMALL、COMPACT及LARGE决定。这些参数定义了编译时使用的存储器模式。

- 小型模式(SMALL):所有变量都默认在51单片机的内部数据存储器中。这和用data显式定义变量起到相同的作用。在此模式下,变量访问是非常快速的。然而,所有数据对象,包括堆栈都必须放在内部RAM中。堆栈空间面临溢出,因为堆栈占用多少空间依赖于各个子程序的调用嵌套深度。在典型应用中,如果具有代码分段功能的BL51连接/定位器被配置成覆盖内部数据存储器中的变量时,SMALL模式是最好的选择。
- 精简模式(COMPACT):此模式中,所有变量都默认在8051的外部数据存储器的一页中。地址的高字节往往通过P2输出。其值必须由用户在启动代码中设置,编译器不会为用户设置。这和用pdata显式定义变量起到相同的作用。此模式最多只能提供256B的变量。这种模式不如SMALL模式高效,所以变量的访问不够快,不过它比LARGE模式要快。
- 大模式(LARGE):在大模式下,所有的变量都默认在外部存储器中(xdata)。这和用xdata显式定义变量起到相同的作用。数据指针(DPTR)用来寻址,通过DPTR进行存储器访问的效率很低,特别是在对一个大于一个字节的变量进行操作时尤为明显。此数据访问类型比SMALL和COMPACT模式需要更多的代码。

在μVision 3里,要设置存储器模式,需要打开如图3-1所示的界面,在"Memory Model"字段中设置。

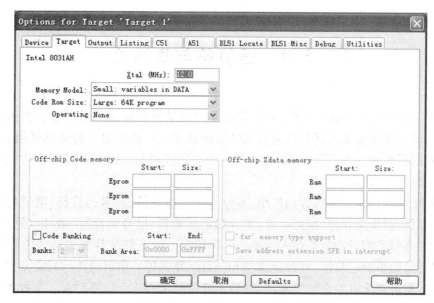

图 3-1 "Target"选项卡

注意：未指定"存储器类型"的变量，按以上三种存储器模式分配存储空间。若指定变量的存储器类型，则与存储器模式无关。

3.3.4 变量的作用范围及变量的存在时间

1. 全局变量和局部变量

从变量的作用范围来看，有全局变量和局部变量之分。

全局变量是指在程序开始处或各个功能函数的外面定义的变量，在程序开始处定义的全局变量对于整个程序都有效，可供程序中所有函数共同使用；而在各功能函数外面定义的全局变量只对从定义处开始往后的各个函数有效，只有从定义处往后的那些功能函数才可以使用该变量，定义处前面的函数则不能使用它。

局部变量是指在函数内部或以花括号{ }围起来的功能块内部所定义的变量，局部变量只在定义它的函数或功能块以内有效，在该函数或功能块以外则不能使用它。局部变量可以与全局变量同名，但在这种情况下局部变量的优先级较高，而同名的全局变量在该功能块内被暂时屏蔽。

2. 静态存储变量和动态存储变量

从变量的存在时间来看，可分为静态存储变量和动态存储变量。

静态存储变量是指该变量在程序运行期间其存储空间固定不变；动态存储变量是指该变量的存储空间不确定，在程序运行期间根据需要动态地为该变量分配存储空间。一般来说，全局变量为静态存储变量，局部变量为动态存储变量。

3.4 运算符与表达式

C 语言具有十分丰富的运算符,运算符就是完成某种特定运算的符号;表达式则是由运算符及运算对象所组成的具有特定含义的一个式子。C 语言是一种表达式语言,在任意一个表达式的后面加一个分号";"就构成了一个表达式语句。由运算符和表达式可以组成 C 语言程序的各种语句。

运算符按其在表达式中所起的作用,可分为赋值运算符、算术运算符、增量与减量运算符、关系运算符、逻辑运算符、位运算符、复合赋值运算符、逗号运算符、条件运算符、指针和地址运算符、强制类型转换运算符和 sizeof 运算符等。运算符按其在表达式中与运算对象的关系,又可分为单目运算符、双目运算符和三目运算符等。单目运算符只需要有一个运算对象,双目运算符要求有两个运算对象,三目运算符要求有三个运算对象。掌握各种运算符的意义和使用规则,对于编写正确的 C 语言程序是十分重要的。C51 所使用的运算符与一般的 C 语言所使用的运算符相同,包括:

赋值运算符: =。

算术运算符: +、-、*、/、%。

增量与减量运算符: ++、--。

关系运算符: >、<、>=、<=、==、!=。

逻辑运算符: ||、&&、!。

复合运算符: +=、-=、*=、/=、%=、<<=、>>=、&=、|=、^=、~=。

逗号运算符: 表达式1,表达式2,…,表达式 n。

条件运算符: 逻辑表达式? 表达式1: 表达式2。

指针和地址运算符: &(取地址)、*(取内容)。

强制类型转换运算符: (类型) = 表达式。

sizeof 运算符: sizeof。

位运算符:位运算是对数据(包括浮点型数据)进行按位运算。真值表见表3-5。

~: 按位取反　　　<<: 位左移

\>\>: 位右移　　　&: 按位与

|: 按位或　　　∧: 按位异或

表 3-5 按位运算的逻辑真值表

a_i	b_i	$\sim a_i$	$\sim b_i$	$a_i \& b_i$	$a_i	b_i$	$a_i \wedge b_i$
0	0	1	1	0	0	0
0	1	1	0	0	1	1
1	0	0	1	0	1	1
1	1	0	0	1	1	0

例如,若 a = 0x54,b = 0x3B,则 a&b = 0x10,a^b = 0x3F,a = a << 3 的结果为 0xA0 等。表 3-6 给出了这些运算符在使用过程中的优先级和结合性。

表 3-6 运算符的优先级和结合性

优先级	类 别	运算符名称	运 算 符	结 合 性
1	强制转换	强制类型转换	( )	右结合
	数组	下标	[ ]	
	结构、联合	存取结构或联合成员	-> 或 .	
2	逻辑	逻辑非	!	左结合
	字位	按位取反	~	
	增量	增 1	++	
	减量	减 1	--	
	指针	取地址	&	
		取内容	*	
	算术	单目减	-	
	长度计算	长度计算	sizeof	
3	算术	乘	*	
		除	/	
		取模	%	
4	算术和指针运算	加	+	
		减	-	
5	字位	左移	<<	
		右移	>>	
6	关系	大于等于	>=	右结合
		大于	>	
		小于等于	<=	
		小于	<	
7		恒等于	==	
		不等于	!=	
8	字位	按位与	&	
9		按位异或	^	
10		按位或	|	
11	逻辑	逻辑与	&&	
12		逻辑或	||	右结合
13	条件	条件运算	?:	
14	赋值	赋值	=	左结合
		复合赋值	op =	
15	逗号	逗号运算	,	右结合

3.5 基本语句

C 语言是一种结构化的程序设计语言,提供了十分丰富的程序控制语句,每个语句以";"作为结束标志,不管是出现在不同行还是同一行上。C51 语言最常用的语句有:

表达式语句:x = 8;y = 7。
复合语句:{x = 8;y = 7;}。
条件判断语句:if … else …。
开关语句:switch … case … case … default …。
循环语句:while( )、do … while( )、for( )。
返回语句:return。
转向语句:break 语句、goto 语句、continue 语句。

3.5.1 条件判断语句(if … else …)

1. 单分支结构

语句格式:
  if(表达式){语句}

其中,表达式可以是任意表达式,语句可以是一条语句,也可以是复合语句。

执行过程:先判断表达式是否为真,如果为真,那么执行语句;如果为假,那么跳过语句,执行后面的程序。

2. 双分支结构

语句格式:
  if(表达式)
   {语句1}
  else
   {语句2}

其中,表达式可以是任意表达式,语句1和语句2可以是一条语句,也可以是复合语句。

执行过程:先判断表达式是否为真,如果为真,那么执行语句1;如果为假,那么执行语句2。语句1和语句2只能执行其中一个。

3. 多分支结构

语句格式:
  if(表达式1)
   语句1
  else if(表达式2)
   语句2
   …
  else if(表达式n)

                语句 n
        else
                语句 n+1

其中,表达式可以是任意表达式,语句可以是一条语句,也可以是复合语句。

执行过程:先判断表达式 1,如果为真,那么执行语句 1;否则,判断表达式 2,如果为真,那么执行语句 2……否则,判断表达式 n,如果为真,那么执行语句 n;否则,执行语句 n+1。语句 1、语句 2……语句 n 和语句 n+1 只能执行其中一个。

3.5.2 开关语句(switch)

语句格式:
```
switch(表达式)
{   case    常量表达式 1:语句体 1;[break;]
    case    常量表达式 2:语句体 2;[break;]
            …
    case    常量表达式 n:语句体 n;[break;]
    default:语句体 n+1;
}
```

执行过程:先计算表达式的值,然后依次与每一个 case 中的常量表达式的值进行比较,若有相等的,则从该 case 开始依次往下执行;若没有相等的,则从 default 语句开始往下执行。执行过程中若遇到 break 语句,就跳出该 switch 语句;否则一直按顺序继续执行下去,也就是会执行其他 case 后面的语句,直到遇到"}"符号才停止。

3.5.3 循环语句

1. for 语句

语句格式:
```
for(初始值;条件;增量)
{   循环体;
}
```

执行过程:

(1)计算初始值(只执行一次)。

(2)判断条件,如果值为真,则执行步骤(3);否则跳出循环体,继续执行该结构后面的语句。

(3)执行循环体语句。

(4)计算增量。

(5)重复执行步骤(2)。

2. while 语句

语句格式:
```
while(表达式)
{   循环体;
```

其中,"表达式"是循环条件,可以是任意类型的表达式,常用的是关系表达式或逻辑表达式,循环体由一条或者多条语句组成。

执行过程：

(1) 计算 while 后面的表达式的值,如果值为真,则执行步骤(2);否则跳出循环体,继续执行该结构后面的语句。

(2) 执行循环体语句。

(3) 重复执行步骤(1)。

3．do … while 语句

语句格式：

  do
  { 循环体;
  }while(表达式);

执行过程：

(1) 执行循环体语句。

(2) 计算 while 后面的表达式的值,如果值为真,则执行步骤(1);否则跳出循环体,继续执行该结构后面的语句。

(3) 重复执行步骤(1)。

3.5.4　break、continue 和 goto 语句

1. break 语句

功能：使程序运行时中途退出 switch 结构或者一个循环体。

注意：

(1) break 语句不能用在除了 switch 语句和循环语句以外的任何其他语句。

(2) 在嵌套循环结构中,break 语句只能退出包含 break 语句的那层循环体。

2. continue 语句

功能：提前结束本次循环,跳过 continue 语句下面未执行的语句,继续进行下一次循环。

注意：

(1) continue 语句通常和 if 语句连用,只能提前结束本次循环,不能使整个循环终止。

(2) continue 语句只对循环起作用。

(3) continue 语句用于 for 语句中可结束本次循环,但 for 语句中的增量仍然执行。

3. goto 语句

goto 语句是 C51 中无条件跳转指令,格式如下：

  goto 标号

执行过程：当执行到该指令时,将跳到该标号相应的语句。

3.6 数组

数组是一组有序数据的集合,数组中的每一个数据都属于同一种数据类型。数组中的各个元素可以用数组名和下标来唯一地确定。一维数组只有一个下标,多维数组有两个以上的下标。在C语言中数组必须先定义,然后才能使用。

一维数组的定义形式如下:

数据类型 数组名[常量表达式];

其中,"数据类型"说明了数组中各个元素的类型。"数组名"是整个数组的标识符,它的命名方法与变量的命名方法一样。"常量表达式"说明了该数组的长度,即该数组中的元素个数。常量表达式必须用方括号"[ ]"括起来,而且其中不能含有变量。下面是几个定义一维数组的例子:

```
char x[5];      // 定义字符型数组 x,它含有 5 个元素
int y[10];      // 定义整型数组 y,它含有 10 个元素
float z[15];    // 定义浮点型数组 z,它含有 15 个元素
```

定义多维数组时,只要在数组名后面增加相应于维数的常量表达式即可。

二维数组的定义形式如下:

数据类型 数组名[常量表达式1][常量表达式2];

例如,定义一个 10×10 的整数矩阵 A,可以采用如下的定义方法:

```
int A[10][10];
```

3.7 函 数

函数是 C 语言中的一种基本模块,实际上,一个 C 语言程序就是由若干个模块化的函数构成的。从用户的角度来看,有两种函数:标准库函数和用户自定义函数。标准库函数是 Keil Cx51 编译器提供的,不需要用户定义,可以直接调用。用户自定义函数是用户根据自己需要编写的能实现特定功能的函数,它必须先定义后才能调用。

3.7.1 函数的定义

函数定义的一般形式如下:

```
函数类型 函数名(形式参数表)
{
    局部变量定义
    函数体语句
}
```

其中：
- 函数类型：说明了自定义函数返回值的类型。为了使程序减少出错，保证函数的正确调用，凡是不要求有返回值的函数，都应将其定义成 void 类型。
- 函数名：用标识符表示的自定义函数的名字。
- 形式参数表：列出的是在主调用函数与被调用函数之间传递数据的形式参数，形式参数的类型必须加以说明。ANSI C 标准允许在形式参数表中对形式参数的类型进行说明。如果定义的是无参函数，可以没有形式参数表，但圆括号不能省略。
- 局部变量定义：对在函数内部使用的局部变量进行定义。
- 函数体语句：为完成该函数的特定功能而设置的各种语句。

如果在定义函数时只给出一对花括号｛｝，而不给出其局部变量和函数体语句，则该函数为"空函数"，空函数也是合法的。在进行 C 语言模块化程序设计时，各模块的功能可通过函数来实现。开始时只设计最基本的模块，其他作为扩充功能，在以后需要时再加上。编写程序时可在将来准备扩充的地方写上一个空函数，这样可使程序的结构清晰，可读性好，而且易于扩充。

例 3-1 不同函数的定义方法。

```
①    char fun1(x,y)              // 定义一个 char 型函数
      int x, y                    // 说明形式参数的类型
      { char z;                   // 定义函数内部的局部变量
        z = x + y;                // 函数体语句
        return(z); }              // 返回函数的值 z，注意变量 z 与函数本身的
                                  // 类型均为 char 型
②    int fun2(float a, float b)  // 定义一个 int 型函数，在形式参数表中说明
                                  // 形式参数的类型
      { int x;                    // 定义函数内部的局部变量
        x = a - b;                // 函数体语句
        return(x);}               // 返回函数的值 x，注意变量 x 与函数本身的
                                  // 类型均为 int 型
③    long fun3()                 // 定义一个 long 型函数，它没有形式参数
      { long x;                   // 定义函数内部的局部变量
        int i, j;
        x = i * j;                // 函数体语句
        return(x);                // 返回函数的值 x，注意变量 x 与函数本身的
                                  // 类型均为 long 型
      }
④    void fun4(char a, char b)   // 定义一个无返回值的 void 型函数
      { char x;                   // 局部变量定义
        x = a + b;                // 函数体语句
      }                           // 函数不需要返回值，省略 return 语句
⑤    void fun5()                 // 定义一个空函数
      {;}
```

3.7.2 函数的调用

C语言程序中函数是可以互相调用的。所谓函数调用,就是在一个函数体中引用另外一个已经定义了的函数,前者称为主调用函数,后者称为被调用函数。

函数调用的一般形式如下:

函数名(实际参数表)

其中,"函数名"指出被调用的函数。"实际参数表"中可以包含多个实际参数,各个参数之间用逗号隔开。实际参数的作用是将它的值传递给被调用函数中的形式参数。需要注意的是,函数调用中的实际参数与函数定义中的形式参数必须在个数、类型及顺序上严格保持一致,以便将实际参数的值正确地传递给形式参数,否则在函数调用时会产生意想不到的结果。如果调用的是无参函数,则可以没有实际参数表,但圆括号不能省略。

在C语言中可以采用三种方式完成函数的调用:

1. 函数语句

在主调用函数中将函数调用作为一条语句。例如:

fun1();

这是无参调用,它不要求被调用函数返回一个确定的值,只要求它完成一定的操作。

2. 函数表达式

在主调用函数中将函数调用作为一个运算对象直接出现在表达式中,这种表达式称为函数表达式。例如:

c = power(x,n) + power(y,m);

这其实是一个赋值语句,它包括两个函数调用,每个函数调用都有一个返回值,将两个返回值相加的结果赋值给变量c。因此,这种函数调用方式要求被调用函数返回一个确定的值。

3. 函数参数

在主调用函数中将函数调用作为另一个函数调用的实际参数。例如:

y = power(power(i, j), k);

其中,函数调用power(i, j)放在另一个函数调用power(power(i, j), k)的实际参数表中,以其返回值作为另一个函数调用的实际参数。这种在调用一个函数的过程中又调用了另外一个函数的方式,称为嵌套函数调用。在输出一个函数的值时经常采用这种方法。例如:

printf("%d", power(i,j));

其中,函数调用power(i,j)是作为printf()函数的一个实际参数处理的,它也属于嵌套函数调用方式。

3.7.3 对被调用函数的说明

与使用变量一样,在调用一个函数之前(包括标准库函数),必须对该函数的类型进行说明,即"先说明,后调用"。如果调用的是库函数,一般应在程序的开始处用预处理命令#include 将有关函数说明的头文件包含进来。例如,预处理命令#include <stdio.h>,就是将与库输出函数 printf() 有关的头文件 stdio.h 包含到程序文件中来。头文件"stdio.h"中有关于库输入/输出函数的一些说明信息,如果不使用这个包含命令,库输入/输出函数就无法被正确地调用。

如果调用的是用户自定义函数，而且该函数与调用它的主调用函数在同一个文件中，一般应该在主调用函数中对被调用函数的类型进行说明。

函数说明的一般形式如下：

　　　　类型标识符　被调用的函数名(形式参数表);

其中，"类型标识符"说明了函数返回值的类型，"形式参数表"说明各个形式参数的类型。需要注意的是，函数的说明与函数的定义是完全不同的。函数的定义是对函数功能的确立，它是一个完整的函数单位。而函数的说明，只是说明了函数返回值的类型。二者在书写形式上也不一样，函数说明结束时在圆括号的后面需要有一个分号";"作为结束标志；而在函数定义时，被定义函数名的圆括号后面没有分号";"，即函数定义还未结束，后面应接着书写形式参数说明和被定义的函数体部分。

如果被调用函数是在主调用函数前面定义的，或者已经在程序文件的开始处说明了所有被调用函数的类型，在这两种情况下可以不必再在主调用函数中对被调用函数进行说明。也可以将所有用户自定义函数的说明另存为一个专门的头文件，需要时用#include将其包含到主程序中去。

C语言程序中不允许在一个函数定义的内部包括另一个函数的定义，即不允许嵌套函数定义。但是允许在调用一个函数的过程中包含另一个函数调用，即嵌套函数调用在C语言程序中是允许的。

3.8 指　针

在C语言中为了能够实现对内存单元直接进行操作，引入了指针类型的数据。指针类型数据是专门用来确定其他类型数据地址的，因此一个变量的地址就称为该变量的指针。例如，有一个整型变量i存放在内存单元0x40中，则该内存单元地址0x40就是变量i的指针。如果有一个变量专门用来存放另一个变量的地址，则称之为"指针变量"。例如，如果用另一个变量ip来存放整型变量i的地址0x40，则ip即为一个指针变量。

变量的指针和指针变量是两个不同的概念。变量的指针就是该变量的地址，而一个指针变量里面存放的内容是另一个变量在内存中的地址，拥有这个地址的变量则称为该指针变量所指向的变量。每一个变量都有它自己的指针（即地址），而每一个指针变量都是指向另一个变量的。为了表示指针变量和它所指向的变量之间的关系，C语言中用符号"*"来表示"指向"。例如，整型变量i的地址0x40存放在指针变量ip中，则可用*ip来表示指针变量ip所指向的变量，即*ip也表示变量i。下面两个赋值语句"i=0x50;"" *ip=0x50;"都是给同一个变量赋值0x50。

3.8.1　指针变量的定义

指针变量的定义与一般变量的定义类似，其一般形式如下：

　　　　数据类型 [存储器类型1] * [存储器类型2] 标识符;

其中"标识符"是所定义的指针变量名。"数据类型"说明了该指针变量所指向的变量的类型。"存储器类型 1"和"存储器类型 2"是可选项，它是 Keil Cx51 编译器的一种扩展。

有"存储器类型 1"选项，指针被定义为基于存储器的指针；无此选项时，被定义为一般指针。这两种指针的区别在于它们的存储字节不同。一般指针在内存中占用 3 个字节，第一个字节存放该指针存储器类型的编码（由编译时编译模式的默认值确定），第二个和第三个字节分别存放该指针的高位和低位地址偏移量。

"存储器类型 2"选项用于指定指针本身的存储器空间。

一般指针可用于存取任何变量而不必考虑变量在 51 单片机存储器空间的位置，许多 C51 库函数采用了一般指针，函数可以利用一般指针来存取位于任何存储器空间的数据。

如果在定义一般指针时带有"存储器类型 2"选项，则可指定一般指针本身的存储器空间位置，例如：

  char * xdata strptr;   // 位于 xdata 空间的一般指针
  int   * data numptr;   // 位于 data 空间的一般指针
  long * idata varptr;   // 位于 idata 空间的一般指针

由于一般指针所指对象的存储器空间位置只有在运行期间才能确定，编译器在编译期间无法优化存储方式，必须生成一般代码以保证能对任意空间的对象进行存取，因此一般指针所产生的代码运行速度较慢，如果希望加快运行速度，则应采用基于存储器的指针。基于存储器的指针所指对象具有明确的存储器空间，长度可为 1 个字节（存储器类型为 idata、data、pdata）或 2 个字节（存储器类型为 code、xdata）。例如：

  char data * str;   // 指向 data 空间 char 型数据的指针
  int xdata * numtab;   // 指向 xdata 空间 int 型数据的指针
  long code * powtab;   // 指向 code 空间 long 型数据的指针

与一般指针类似，若定义时带有"存储器类型 2"选项，则可指定基于存储器的指针本身的存储器空间位置，例如：

  char data * xdata str;   // 指向 data 空间 char 数据的指针，指针本身在 xdata
  int xdata * data numtab;   // 指向 xdata 空间 int 型数据的指针，指针本身在 data
  long code * idata powtab;   // 指向 code 空间 long 型数据的指针，指针本身在 idata

基于存储器的指针长度比一般指针短，可以节省存储器空间，但它所指对象具有确定的存储器空间，缺乏灵活性。基于存储器指针主要的优点是可以显著地提高 C51 程序的运行速度。

3.8.2 指针变量的引用

指针变量是指含有一个数据对象地址的特殊变量，指针变量中只能存放地址。与指针变量有关的运算符有两个：取地址运算符 & 和间接访问运算符 *。

例如，&a 为取变量 a 的地址，*p 为指针变量 p 所指向的变量。

指针变量经过定义之后可以像其他基本类型变量一样引用。例如：

（1）指针变量定义。

  int i, x, y, * pi, * px, * py;

(2) 指针赋值。

　　pi = &i;　　　　　　　// 将变量 i 的地址赋给指针变量 pi,使 pi 指向 i

　　px = &x;　　　　　　　// px 指向 x

　　py = &y;　　　　　　　// py 指向 y

(3) 指针变量引用。

　　*pi = 0;　　　　　　　// 等价于 i = 0;

　　*pi += 1;　　　　　　 // 等价于 i += 1;

　　(*pi)++;　　　　　　　// 等价于 i++;

指向相同类型数据的指针之间可以相互赋值。例如:

　　px = py;

原来指针 px 指向 x,py 指向 y,经上述赋值之后,px 和 py 都指向 y。

3.8.3　指针与数组

指针与数组的关系非常密切,数组所有的操作都可以用指针来实现。用指针也可以把一段内存区域当作数组来访问。数组名表示存放数组内存单元的首地址,是这个地址的标号。数组占内存的一段连续的存储单元。

1. 指针与一维数组

　　unsigned　char　array[10];

　　unsigned　char　*p

下面两种方法都可以把指针指向数组。

　　p = array;

　　p = &array[0];

2. 引用数组元素的方法

引用数组元素有如下几种方法:

- p+i 和 array+i:均表示数组元素 array[i] 的地址。
- *(p+i)、p[i] 和 *(array+i):均表示数组元素 array[i]。
- p+i:指向数组的下一个元素,实际地址是 p+i*d,d 是连续访问单元数目(对象所占的字节数)。

定义并赋值一个指针 p 之后,就可以用 p[i] 的方式把一段内存区域当作数组来访问。

单元小结

本单元主要介绍了单片机的程序设计语言 C51 的语法知识、单片机存储器的形式与工作模式,详细介绍了 C51 程序的结构、数据类型、常量和变量、变量的存储类型和存储模式、指针、数组、运算符、程序控制流程、函数等内容。

习 题

一、单选题

1. 下列不是 C51 编译器扩展关键字的是_____。
   A. printf   B. data   C. pdata   D. interrupt

2. 下列不能定义为用户标识符的是_____。
   A. main   B. 0   C. int   D. sizeof

3. C51 编译器中 code 最大可描述程序存储区的存储范围为_____。
   A. 32KB   B. 64KB   C. 128KB   D. 256KB

4. 下列能正确定义一维数组的选项是_____。
   A. int a[5] = {0,1,2,3,4,5};
   B. char a[ ] = {0,1,2,3,4,5};
   C. char a = {'A','B','C'};
   D. int a[5] = "0123";

5. 头文件 reg51.h 中包括了对 AT89S51 单片机_____的说明。
   A. 变量   B. 特殊功能寄存器
   C. 常量   D. 函数

6. 若 a = 0xd4,b = 0xfB,则 a = a<<3,b = b<<3,a&b 的结果为_____。
   A. 0xf1   B. 0xb1   C. 0x40   D. 0x80

7. 操作符"^"后面"位位置"的最大值取决于指定的基地址类型,对于 int 类型来说是_____。
   A. 0~1   B. 0~7   C. 0~15   D. 0~32

8. C51 的程序结构与普通 C 语言程序结构基本相同,程序由若干个_____组成。
   A. 子程序   B. 函数   C. 过程   D. 主程序和子程序

9. C51 提供了_____种编译模式。
   A. 3   B. 4   C. 5   D. 6

10. 常量的定义方式有三种,下列定义方法错误的是_____。
    A. #difine False 0x00
    B. unsigned int code a = 100
    C. unsigned int a = 100
    D. const unsigned int code c = 100

11. C51 定义的任何变量必须以一定的存储类型的方式定位在某一存储区中,定义的变量在外部数据存储区应以_____定位。
    A. bdata   B. code   C. idata   D. xdata

12. C51 变量的存储种类有四种,下列不是 C51 变量的存储种类的是_____。
    A. auto   B. xdata   C. static   D. register

二、填空题

1. 51 系列单片机编程语言目前常用的有两种,一种是_____,另一种是_____。
2. 编译器的参数 SMALL 是将所有变量都默认在 51 单片机的_____中。
3. 说明语句"char data * numtab;"说明的是一个指向_____存储区的_____类型的指针变量。
4. 说明语句"unsigned long xdata array[100];"说明的是存储区的_____类型的

_____变量。

5. 说明语句"char code text][]="ENTER PARAMETER:";"说明的是_____存储区的_____类型的变量。

6. 关键字 bit 是 Keil C 编译器的一种扩充数据类型,用来定义普通_____变量,它的值是二进制数的_____或_____。

7. 说明语句"static unsigned long xdata array[100];"说明的是_____存储区的_____类型_____变量。

8. C51 的程序结构与普通 C 语言的程序结构基本相同,_____是 C 语言的基本单位,一个 C51 程序必须有且只有_____。

9. 表达式"sfr P0=0x80;"声明了一个_____变量,并且把它和_____寄存器联系在一起。

10. C51 的存储模式有_____、_____和_____。未指定"存储器类型"的变量,按_____分配存储空间。若指定变量的存储器类型,则与_____无关。

三、简答题

1. Keil C 提供哪几种存储器形式?各自有什么特点?

2. Keil C 提供哪些基本的数据类型?哪些数据类型是 MCS-51 单片机所特有的?

3. Keil C 中的"逻辑运算符"与"布尔运算符(即位运算符)"有何不同?

第4章 单片机的 I/O 口——输出口的基础应用

学习目标

- 掌握单片机并行 I/O 口的功能特点及控制方法。
- 熟悉单片机的输出口控制 LED 灯、数码管、继电器和蜂鸣器等输出装置的控制方法。
- 能够灵活选用输出口完成单片机控制 LED 灯、数码管、继电器和蜂鸣器等输出装置项目的设计、制作、调试和运行。

4.1 并行 I/O 口结构及功能特点

以 51 系列单片机中的 AT89S51 单片机为例,该单片机有 4 个 8 位并行双向 I/O 口,即 P0、P1、P2、P3,共 32 根 I/O 线,在单片机中,主要承担着和单片机外部设备打交道的任务。输出口用于连接输出设备,常用的输出设备有 LED、数码管、蜂鸣器、继电器、液晶显示器等。输入口用于连接单片机和输入设备,常用的输入设备有按键、开关等。此外,P0 口和 P2 口在并行扩展时还作为总线口使用。P3 口还有第二功能。

这 4 个并行口 P0、P1、P2、P3 既有相同部分,也有各自的特点和功能。其中,P1、P2 和 P3 为准双向输入/输出口,P0 口则为双向三态输入/输出口。图 4-1 是并行口的结构图。由图可见,每个 I/O 口都由 1 个 8 位数据锁存器和 1 个 8 位数据缓冲器组成。其中 8 位数据锁存器与 P0、P1、P2、P3 同名,属于 21 个特殊功能寄存器中的 4 个,用于存放需要输出的数据,8 个数据缓冲器用于对端口引脚上输入数据进行缓冲,但不能锁存,因此各引脚上的数据必须保持到 CPU 把它读走。下面分别介绍每个端口的特点和操作。

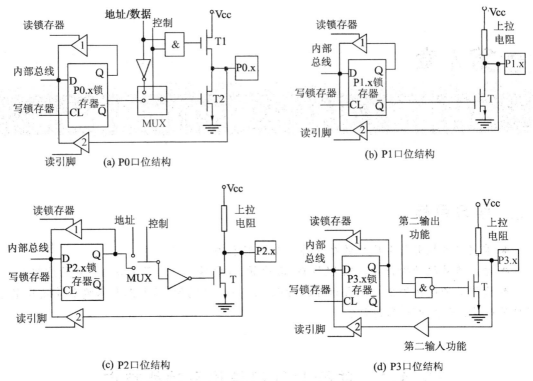

图 4-1 并行口结构图

1. P0 口

P0 口是使用广泛、最繁忙的端口。由图 4-1（a）可见，P0 口由锁存器、输入缓冲器、切换开关与相应控制电路、输出驱动电路组成，是双向、三态、数据地址分时使用的总线 I/O 口。若不使用外部存储器时，P0 口可当作一个通用的 I/O 口使用；若要扩展外部存储器，这时 P0 口是地址/数据总线。

（1）作 I/O 口。

作 I/O 口使用时，多路开关向下，接通 $\overline{Q}$（控制信号为 0），场效应管 T1 截止。P0 口作输出时，内部总线若为"1"，$\overline{Q}$ 为"0"，T2 栅极为"0"，T2 截止，输出端 P0.x 为"1"；内部总线若为"0"，$\overline{Q}$ 为"1"，T2 栅极为"1"，T2 导通，输出端 P0.x 为"0"。P0 口作输入时，必须先执行 P0 =0xFF 指令，将锁存器置"1"（Q =1，$\overline{Q}$ =0），T2 截止，否则 P0.x 引脚就会被嵌位在低电平。输入信号经由引脚 P0.x 到读引脚三态门再到内部总线。

此外，在这里还要特别说明，单片机对 P0 ~ P3 口的输入上还有如下约定：首先是读锁存器的内容，进行处理后再写到锁存器中，这种操作被称为"读—修改—写操作"。

（2）作地址/数据总线。

在访问外部扩展存储器时，多路开关向上（控制信号为"1"），与门锁定。若作地址/数据总线使用，地址信号为"1"，经非门，T2 栅极为"0"，T2 截止，引脚 P0.x 为"1"；若地址信号为"0"，经非门，T2 栅极为"1"，T2 导通，引脚 P0.x 为"0"。

在访问外部存储器时，P0 口输出低 8 位地址后，变为数据总线，读指令码，在此期间，控制信号为"0"，多路开关向下，接到 $\overline{Q}$ 端，CPU 自动将 FFH 写入 P0 口锁存器，T2 截止，读引脚通过三态门将指令码读到内部总线。

总之,P0 口具有以下特点:
- 8 位漏极开路型双向三态输入/输出口。
- 作为通用 I/O 口时,需外接上拉电阻。
- 作为输入口使用时,首先需要将口线置为高电平"1",才能正确读取该端口所连接的外部数据。
- P0 口可驱动 8 个 LSTTL,其他端口只可以驱动 4 个 LSTTL。
- 在访问外部扩展存储器时,P0 口身兼两职,既可作为地址总线低 8 位(A0~A7)使用,也可作为数据总线(D0~D7)使用,即它是分时复用的低 8 位地址总线和数据总线,作为地址/数据总线使用时,不需外接上拉电阻。

2. P1 口

从图 4-1(b)可以看出,P1 口没有多路开关,P1 口的 T2 管用内部上拉电阻代替。因此,P1 口是准双向静态 I/O 口。和 P0 口一样,输入时有读锁存器和读引脚之分。在输入时(如果不是置位状态),必须选用 P1=0xFF,将口线置为高电平"1",才能正确读入外部数据。

总之,P1 口具有以下特点:
- P1 口为准双向输入/输出口。
- P1 口内部有上拉电阻,所以实现输出功能时,不需要外接上拉电阻。
- 作为输入口使用时,首先需要将口线置为高电平"1",才能正确读取该端口所连接的外部数据。
- P1 口可驱动 4 个 LSTTL 负载。
- 进行在线编程(ISP)时,其中的 P1.5 当作 MOSI 用,P1.6 当作 MISO 用,P1.7 当作 SCK 用。

3. P2 口

从图 4-1(c)可以看出,P2 口有多路开关,驱动电路有内部上拉电阻,兼有 P0 口和 P1 口的特点,是个动态准双向口。

(1) 作 I/O 口。

若单片机不扩展外部存储器,或扩展外部存储器但不超过 256B 时,P2 口作为 I/O 口使用,这时多路开关向左,使用方法同 P1 口。

(2) 作高 8 位地址。

若扩展外部存储器且超过 256B 时,P2 口不能作 I/O 口,只能作执行 MOVX 指令 16 位地址的高 8 位,即 A8~A15,这时多路开关向右,P2R0、P2R1 表示 16 位地址,R0 或 R1 内容为低 8 位地址,P2 口为高 8 位地址。

总之,P2 口具有以下特点:
- P2 口为准双向输入/输出口。
- P2 口内部有上拉电阻,所以实现输出功能时,不需要外接上拉电阻。
- 作为输入口使用时,首先需要将口线置为高电平"1",才能正确读取该端口所连接的外部数据。
- P2 口可驱动 4 个 LSTTL。
- 在访问外部扩展存储器时,可作为地址总线高 8 位(AB8~AB15)使用。

4. P3口

从图4-1(d)可以看出，P3口是个双功能静态双向I/O口。它除了有作为I/O口使用的第一功能外，还具有第二功能。P3口的第一功能和P1口一样。P3口的第二功能各管脚定义如表4-1所示。

表4-1 P3口引脚第二功能

引脚	功能	说明	引脚	功能	说明
P3.0	RXD	串行接收	P3.4	T0	定时/计数器0计数输入
P3.1	TXD	串行发送	P3.5	T1	定时/计数器1计数输入
P3.2	$\overline{INT0}$	外部中断口0输入	P3.6	$\overline{WR}$	写信号输出
P3.3	$\overline{INT1}$	外部中断口1输入	P3.7	$\overline{RD}$	读信号输出

为适应引脚的第二功能的需要，在结构上增加了第二功能控制逻辑，在真正的应用电路中，第二功能显得更为重要。由于第二功能信号有输入/输出两种情况，下面我们分别加以说明。

对于第二功能为输出的引脚，当作I/O口使用时，第二功能信号线应保持高电平，与非门开通，以维持从锁存器到输出口数据输出通路畅通无阻。而当作第二功能口线使用时，该位的锁存器置高电平，使与非门对第二功能信号的输出是畅通的，从而实现第二功能信号的输出。对于第二功能为输入的引脚，在口线上的输入通路增设了一个缓冲器，输入的第二功能信号即从这个缓冲器的输出端取得。而作为I/O口线输入端时，取自三态缓冲器的输出端。这样，不管是作为输入口使用还是作为第二功能信号输入，输出电路中的锁存器输出和第二功能输出信号线均应置"1"。

总之，P3口具有以下特点：
- P3口为准双向输入/输出口。
- 作为输入口使用时，首先需要将口线置为高电平"1"，才能正确读取该端口所连接的外部数据。
- P3口内部有上拉电阻，所以实现输出功能时不需要外接上拉电阻。
- P3口可驱动4个LSTTL。
- 作第二功能使用。

4.2 单片机控制LED

4.2.1 发光二极管(LED)的基本知识

发光二极管(Light-Emitting Diode,简称LED)是能直接将电能转变成光能的发光显示器材。由于其体积小、耗电低，常被用作微型计算机与数字电路的输出装置，用以显示信号状态。随着LED技术的发展，现在的LED灯可以显示红色、绿色、黄色、蓝色与白色。亮度很高的LED甚至取代了传统的灯泡，成为交通灯的发光器件。超大的电视屏幕也可以由大量

LED 集结形成,汽车的尾灯也开始流行使用 LED。

发光二极管的符号与实物图如图 4-2 所示。发光二极管具有单向导电性。当外加反向偏压,二极管截止不发光;当外加正向偏压,二极管导通,因流过正向电流而发光。不过它的正向导通电压大约为 1.7V 左右(比普通二极管大),同时发光的亮度随通过的正向电流增大而增强,但其寿命会随着亮度的增加而缩短。所以,一般发光二极管的工作电流在 10~20mA 为宜。因此,在与单片机的某一输出引脚连接时,为了保证发光二极管和单片机能够安全工作,在连接发光二极管的电路中需要考虑限流电阻。发光二极管与单片机的连接示意图如图 4-3 所示。D1 为发光二极管,电阻 R1 为限流电阻。关于限流电阻的参数选择:当输出引脚输出低电平时,输出端电压接近 0V,LED 灯单向导通,导通电压约 1.7V,R1 两端电压为 3.3V 左右。若希望流过 LED 的电流为 15mA,则限流电阻 R1 应该为 $\frac{3.3V}{15mA}=220\Omega$。若想再让灯亮一点,可适当减小 R1 阻值。电阻越小,LED 越亮。R1 选择范围一般为 200~330Ω。

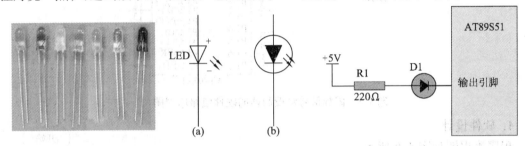

图 4-2 发光二极管的外形图及符号　　图 4-3 发光二极管与单片机的连接示意图

4.2.2 项目演练:闪烁信号灯控制器的设计

1. 任务描述

实现 P1.0 引脚所接的 LED 亮 1s 灭 1s 循环闪烁。

2. 总体设计

本项目的设计需要硬件与软件两大部分协调完成。系统硬件电路以 AT89S51 单片机控制器为核心,包括单片机最小系统硬件电路和 LED 信号灯电路几个部分。系统结构如图 4-4 所示。软件部分主要实现对 LED 灯的亮灭控制。

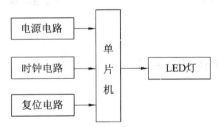

图 4-4 闪烁信号灯控制器的系统结构图

3. 硬件设计

闪烁信号灯控制器的硬件电路如图 4-5 所示。选择 P1.0 作为输出口使用,所以将 LED 灯 L1 接至 P1.0。R1 为其限流电阻,其参数选择为 220Ω。当 P1.0 输出低电平时灯亮,当 P1.0 输出高电平时灯灭。

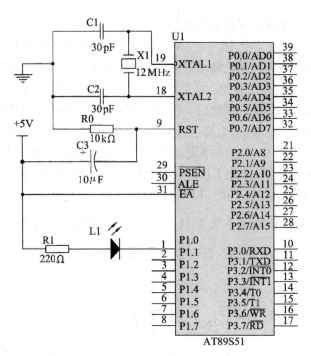

图 4-5 闪烁信号灯控制器的硬件电路原理图

4. 软件设计

程序流程图如图 4-6 所示。

源程序如下：

```
//预处理定义模块
#include <reg52.h>
#define uchar unsigned char
#define uint unsigned int
//引脚定义
sbit LED = P1^0;
//延时模块
void DelayMS(uint x)              //x ms 延时函数
{   uchar t;
    while(x--)
    {   for(t=120;t>0;t--);
    }
}

void main()                       //主程序模块
{   while(1)
    {   LED = 0;                  //LED 点亮
        DelayMS(1000);            //延时 1s
        LED = 1;                  //LED 熄灭
```

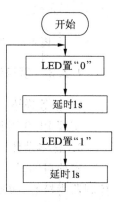

图 4-6 闪烁信号灯软件流程图

DelayMS(1000);
       }
   }

5. 虚拟仿真与调试

闪烁信号灯 Proteus 仿真硬件电路图如图 4-7 所示，在 Keil μVision3 与 Proteus 环境下完成仿真调试。观察调试结果如下：单片机上电后，P1.0 口外接的 1 个发光二极管不断闪烁，亮 1s，灭 1s。

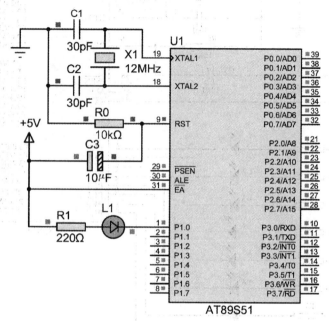

图 4-7　闪烁信号灯控制器

6. 能力拓展

改变闪烁的时间间隔，即亮 1s，灭 0.5s 循环闪烁。

小结：单片机的每个引脚都具有锁存功能，在没有重新给其赋值的时候会一直维持引脚电平。对单独的单片机引脚，在 C51 中需要先定义标识符，然后再给标识符赋值，即可实现单片机引脚电平的改变。

4.2.3　项目演练：跑马灯控制器的设计

1. 任务描述

八个发光二极管 L1~L8 分别接在单片机的 P1.0~P1.7 接口上，输出"0"时，发光二极管亮，依次点亮 L1、L2、L3、L4、L5、L6、L7、L8，再循环显示。

2. 总体设计

本项目的设计需要硬件与软件两大部分协调完成。系统硬件电路以 AT89S51 单片机控制器为核心，包括单片机最小系统硬件电路和 LED 信号灯电路几个部分。系统结构如图 4-8 所示。软件部分主要实现

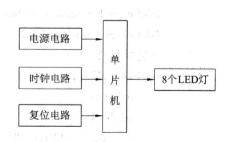

图 4-8　跑马灯控制器的系统结构

对 LED 灯的控制。

3. 硬件设计

系统硬件电路的原理图如图 4-9 所示。本项目中选择 P1.0~P1.7 作为输出口使用,分别接 8 个 LED 灯,R1~R8 为限流电阻,其阻值选择为 220Ω,以保证 LED 灯正常点亮。

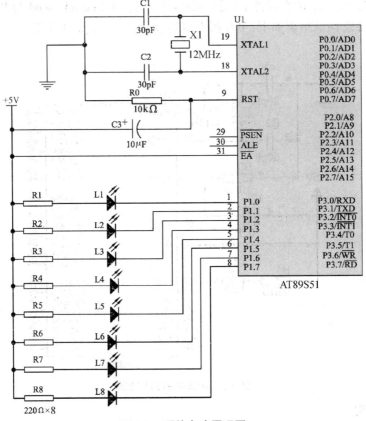

图 4-9 硬件电路原理图

4. 软件设计

方法 1:采用移位指令实现系统功能。

编程思路:由于 LED 灯为有规律的移动方式,因此,点亮 LED 灯的数据可以选择左移或者右移运算符实现。程序流程图如图 4-10 所示。源程序如下:

```
//预处理定义模块
#include <reg52.h>
#define uchar unsigned char
#define uint unsigned int
//延时模块
void DelayMS(uint x)                    //x ms 延时函数
    {
        uchar t;
        while(x--)
        {   for(t=120;t>0;t--);
```

```
        }
    //主程序模块
    void main( )
    {   uchar i, k;
        while(1)
        {   k = 0xFE;                    //设置L1点亮初值
            for(i = 0;i < 8;i ++)
            {   P1 = k;                  //P1所接的LED依次点亮
                DelayMS(1000);           //延时1s
                k = k << 1;              //指向下一个
                k = k|0x01;              //最低位补1,熄灭当前LED灯
            }
        }
    }
```

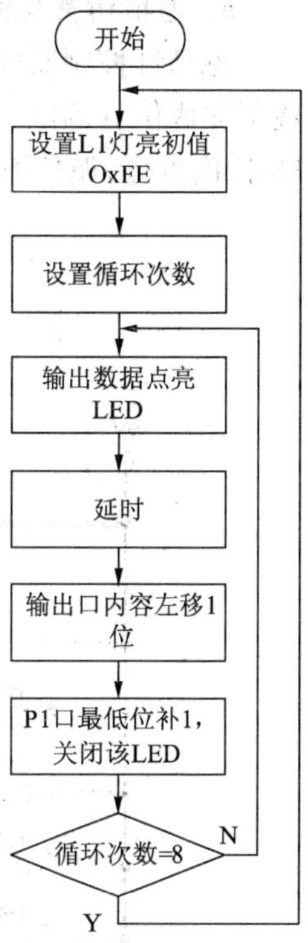

方法2:采用数组方式实现系统功能。

编程思路:把所有灯亮的花样状态所需要的数据定义成一维数组存放在单片机的某个存储空间,然后在程序中依次调用各花样状态数据送端口显示,从而实现预设花样的循环显示。源程序如下:

图 4-10　跑马灯程序流程图

```
#include <reg51.h>
#define uint unsigned int
unsigned char LED[ ] = {0xFE,0xFD,0xFB,0xF7,0xEF,0xDF,0xBF,0x7F};
void Delay(uint i)               //将8个LED灯亮的端口数据按顺序定义为数组
{   uint j;
    for( ;i > 0;i -- )
        for(j = 0;j < 1000;j ++)
        {;}
}

//主程序模块
void main( )
{   uint n;
    while(1)
    {   for(n = 0;n < 8;n ++)
        {   P0 = LED[n];
            Delay(1000);
        }
    }
}
```

5. 虚拟仿真与调试

跑马灯控制器的 Proteus 仿真硬件电路图如图 4-11 所示，在 Keil μVision3 与 Proteus 环境下完成仿真调试。观察调试结果如下：单片机上电后，P1 口外接的 8 个发光二极管 L1 ~ L8 依次点亮，循环不止，且每个 LED 灯点亮的时间为 1s。

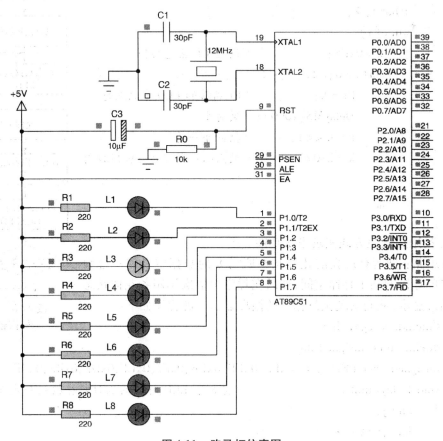

图 4-11　跑马灯仿真图

6. 能力拓展

（1）将灯由循环左移改为双向移动，即

L1 → L2 → L3 → L4 → L5 → L6 → L7 → L8 → L7 → L6 → L5 → L4 → L3 → L2

（2）单片机外接 8 个发光二极管 L1 ~ L8，这 8 个发光二极管按照设定的花样变换显示，每个花样运行的时间为 1s。设定的花样顺序如图 4-12 所示。

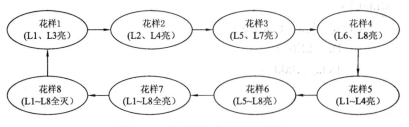

图 4-12　简易彩灯控制器花样图

小结：单片机的每个端口的八个引脚可以同时输出指定电平。在 c 代码中可以采用直接给端口名称赋值的方式实现数据输出，其中，输出字节数据中的最高位对应端口的第 7 位，数据中的最低位对应端口的第 0 位。由于该项目 LED 是有规律的移动，因此软件设计可以使用运算符左移（<<）指令实现，同时，也可利用数组的方式实现跑马灯功能，利用数组的优势使灯亮的状态可以没有规律。

4.3 LED 数码管显示器的设计

4.3.1 LED 数码管的结构与工作原理

LED 数码管（也称为发光二极管显示器），由于其具有结构简单、价格低廉和接口容易等特点而得到广泛应用。下面介绍 LED 数码管的结构和工作原理。

1. LED 数码管的结构

LED 数码管是单片机应用产品中常用的廉价输出设备。它由若干个发光二极管组成显示的字段。当二极管导通时相应的一个点或一个笔画发光，就能显示出各种字符。常用的七段 LED 显示器的外形如图 4-13 所示，结构如图 4-14 所示。

图 4-13 LED 数码管外形图

LED 数码显示器有两种结构：将所有发光二极管的阳极连在一起，称为共阳接法，公共端 COM 接高电平，当某个字段的阴极接低电平时，对应的字段就点亮；而将所有发光二极管的阴极连在一起，称为共阴接法，公共端 COM 接低电平，当某个字段的阳极接高电平时，对应的字段就点亮。每段所需电流一般为 5~15mA，实际电流视具体的 LED 数码显示器而定。

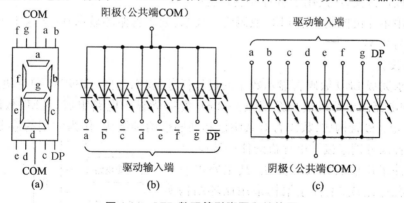

图 4-14 LED 数码管引脚图和结构图

2. LED 数码管的显示原理

为了显示字符和数字，要为 LED 数码管提供显示段码（或称字形代码），组成一个"8"字形的 7 段，再加上一个小数点位，共计 8 段，因此提供 LED 显示器的显示段码为 1 个字节。各段码的对应关系如表 4-2 所示。

表 4-2 LED 段码对应关系

段码位	D7	D6	D5	D4	D3	D2	D1	D0
显示段	DP	g	f	e	d	c	b	a

LED 数码管显示十六进制数、空白及 P 的显示段码如表 4-3 所示。

从 LED 数码管的显示原理可知,为了显示字母和数字,最终必须转换成相应字段码。这种转换可以通过硬件译码器或软件进行译码。

表 4-3 十六进制数、空白及 P 的显示段码表

显示字符	共阴极字段码	共阳极字段码	显示字符	共阴极字段码	共阳极字段码	显示字符	共阴极字段码	共阳极字段码
0	3FH	C0H	9	6FH	90H	T	31H	CEH
1	06H	F9H	A	77H	88H	Y	6EH	91H
2	5BH	A4H	B	7CH	83H	L	38H	C7H
3	4FH	B0H	C	39H	C6H	8	FFH	00H
4	66H	99H	D	5EH	A1H	"灭"	0	FFH
5	6DH	92H	E	79H	86H	……	……	……
6	7DH	82H	F	71H	8EH			
7	07H	F8H	P	73H	8CH			
8	7FH	80H	U	3EH	C1H			

4.3.2 项目演练:LED 数码管显示器的设计

1. 任务描述

在单片机控制系统中,常采用 LED 数码管来显示各种数字和符号。这种显示器显示清晰、亮度高、接口方便,广泛用于各种控制系统中。

本项目用单片机控制一个 LED 数码管。要求:数码管循环显示 0~9 这十个数,每个数字显示时间为 0.5s。

2. 总体设计

按照要求完成 LED 数码管显示数字的设计任务,我们选择 AT89S51 单片机作为主控制器,系统硬件电路由单片机最小系统电路、LED 数码管显示电路组成。LED 数码管由 7 个(或 8 个)发光二极管构成,数码管有共阴极和共阳极两种结构,作为常用的输出设备,可以将数码管的各段分别连接于单片机的任一端口。

应用软件采用模块化设计方法,其主要由主程序和延时子程序组成,主程序架构采用循环结构实现数字的循环显示。延时子程序实现 0.5s 的延时。所显示字符的段码采用数组获取。即首先定义一个数组,数组中的元素依次为要显示的数字或字符的字形码,然后主程序依次取数组元素送输出口即可。系统结构如图 4-15 所示。

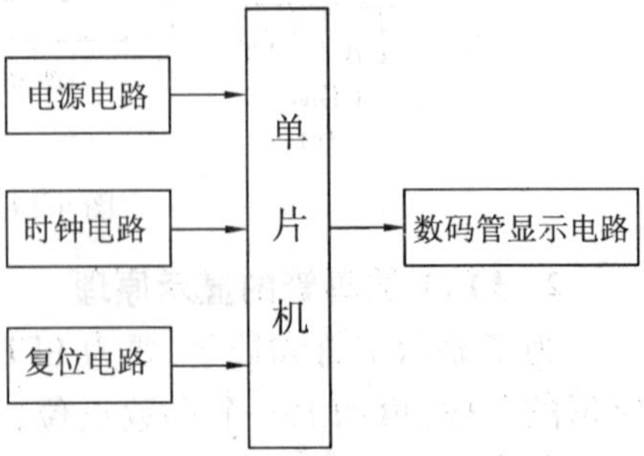

图 4-15 LED 数据管显示器系统结构图

3. 硬件设计

实现该项目的硬件电路中包含的主要元器件为：AT89S51 1 片、共阴极数码管 1 个、12MHz 晶振 1 个、电阻和电容等若干。该项目的原理图如图 4-16 所示。单片机的 P1 口接一个共阴极 LED 数码管组成显示电路。

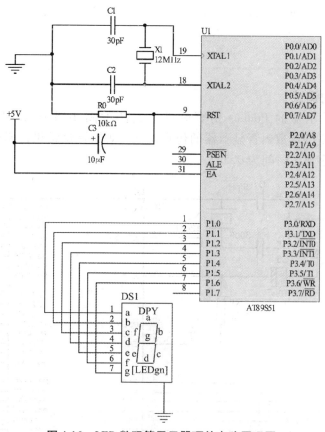

图 4-16 LED 数码管显示器硬件电路原理图

4. 软件设计

软件流程图如图 4-17 所示。
源程序如下：

```
#include <reg51.H>
unsigned char code table[] = {0x3F,0x06,0x5B,0x4F,
    0x66,0x6D,0x7D,0x07,0x7F,0x6F};
unsigned char dispcount;
void Delay02s(void)
{   unsigned char i,j,k;
    for(i=20;i>0;i--)
    for(j=20;j>0;j--)
    for(k=248;k>0;k--);
}
```

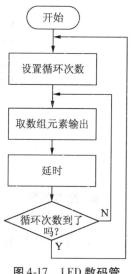

图 4-17 LED 数码管显示器流程图

```
void main( void )
{   while( 1 )
    {   for( dispcount = 0; dispcount < 10; dispcount ++ )
        {   P1 = table[ dispcount ];
            delay02s( );
        }
    }
}
```

5. 虚拟仿真与调试

LED 数码管显示器的 Proteus 仿真硬件电路图如图 4-18 所示,在 Keil μVision3 与 Proteus 环境下完成 LED 数码管显示器的仿真调试。观察调试结果,LED 可循环显示 0~9 这十个数,每个数字显示时间为 0.5s。

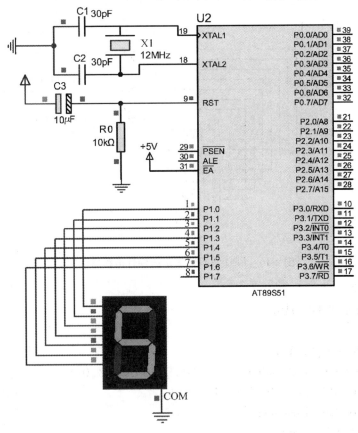

图 4-18 LED 数码管显示器 Proteus 仿真硬件电路图

6. 能力拓展

(1) 让该 LED 数码管从 9 开始显示到 0,再从头开始,如何实现?
(2) 将共阴极数码管改为共阳极数码管,如何实现 0~9 依次显示?

4.4 单片机控制蜂鸣器

4.4.1 蜂鸣器及其驱动电路

在单片机系统中,除了显示器件外经常用到发声器件,最常见的发声器件就是蜂鸣器。蜂鸣器是一种一体化结构的电子发声器件,采用直流电压供电,一般用于一些要求不高的声音报警及发出各种操作提示音等的场合,蜂鸣器相当于一个小型扬声器,即喇叭(speaker),是一种电感性负载。

蜂鸣器主要分为有源蜂鸣器和无源蜂鸣器,这里的"源"不是指电源,而是指振荡源。也就是说,有源蜂鸣器内部带振荡源,所以只要一通电源就会连续发声;而无源蜂鸣器和扬声器一样,内部不带振荡源,如果用直流信号驱动,则无法令其鸣叫,必须用一定频率的方波信号源去驱动它才会发声,且该信号源频率不同,发出的声音效果也不同。有源蜂鸣器往往比无源蜂鸣器贵,就是因为里面多个振荡电路。无源蜂鸣器则以其便宜、声音频率可控、可以和LED复用一个控制口等优点得以广泛使用,本教材主要研究无源蜂鸣器。

图4-19 蜂鸣器实物图

蜂鸣器的外观如图4-19所示,由于蜂鸣器的工作电流一般比较大,以至于单片机的I/O口无法直接驱动(但AVR可以驱动小功率蜂鸣器),所以要利用放大电路来驱动,一般使用三极管来放大电流就可以了。最简单的蜂鸣器驱动电路只要一个三极管和一个限流电阻即可,如图4-20所示。在要求较高的场合也可加一个起保护作用的二极管,如图4-21所示。

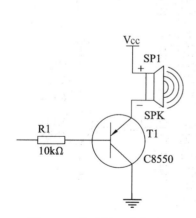

图4-20 蜂鸣器驱动电路1

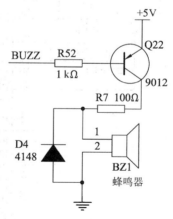

图4-21 蜂鸣器驱动电路2

4.4.2 项目演练:声音报警器的设计

1. 任务描述

要求:用P3.0输出500Hz的音频信号驱动扬声器,产生声音报警信号。

2．总体设计

按照要求完成声音报警器的设计任务，我们选择 AT89S51 单片机作为主控制器，系统硬件电路由单片机最小系统电路、蜂鸣器及其驱动电路组成，系统结构如图 4-22 所示。软件设计的主要任务是编程实现由 P3.0 引脚产生 500Hz 的方波作为音频信号驱动蜂鸣器，使其发声。可通过定时翻转 P1.0 引脚的电平产生符合蜂鸣器要求的频率的波形。在此，500Hz 的信号其周期为 2ms，因此，使 P3.0 引脚每 1ms 输出电平翻转 1 次，即可得到所要求的 500Hz 的声音报警信号，该音频信号如图 4-23 所示。其中，1ms 的时间由延时子程序实现。

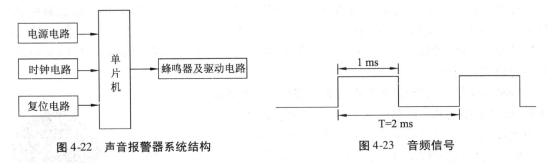

图 4-22　声音报警器系统结构　　　　　图 4-23　音频信号

3．硬件设计

实现该任务的硬件电路中包含的主要元器件为：AT89S51 1 片、9013 1 个、扬声器 1 个、12MHz 晶振 1 个、电阻和电容等若干。系统硬件电路原理图如图 4-24 所示。在此，由 P3.0 输出预定的方波，加到晶体管 9013 进行放大，再输出到蜂鸣器，很好地实现了频率、声音的转换。

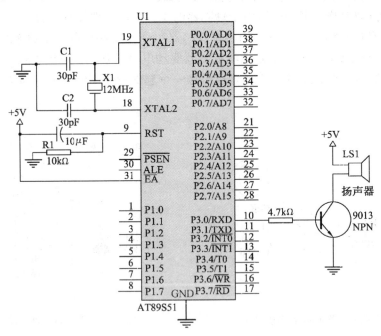

图 4-24　声音报警器的硬件电路原理图

4．软件设计

软件流程图如图 4-25 所示。

源程序如下：

```c
#include <reg51.h>
#define uchar unsigned char
#define uint unsigned int
sbit SPK = P3^0;                  //引脚定义

//延时模块
void DelayMS(uint x)              //x ms 延时函数
{   uchar t;
    while(x--)
    {   for(t=120;t>0;t--);
    }
}


void main()                       //主程序模块
{   while(1)
    {   SPK = 0;
        DelayMS(1);               //延时1ms
        SPK = 1;
        DelayMS(1);
    }
}
```

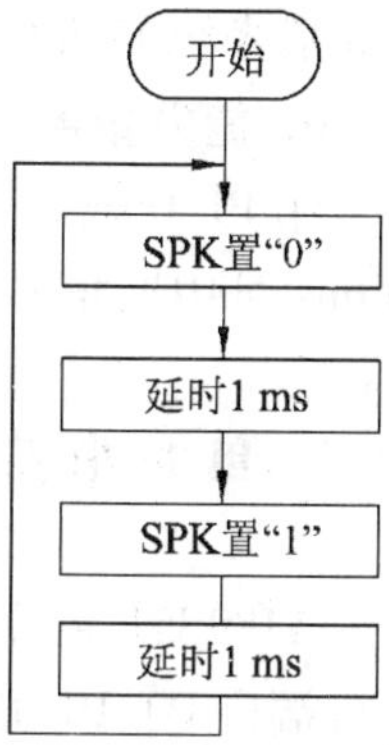

图 4-25 声音报警器软件流程图

5. 虚拟仿真与调试

声音报警器的 Proteus 仿真硬件电路图如图 4-26 所示,在 Keil μVision3 与 Proteus 环境

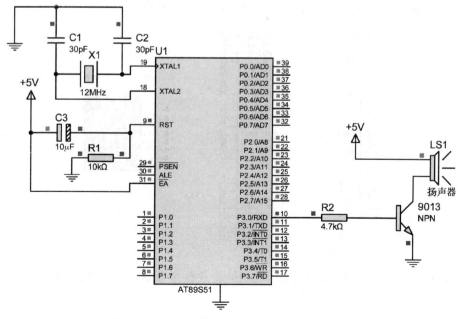

图 4-26 声音报警器 Proteus 仿真硬件电路图

下完成系统的仿真调试。通电后,蜂鸣器发出连续不断的声音。

6. 能力拓展

用 P1.0 输出 1kHz 和 500Hz 的音频信号驱动扬声器,作报警信号,要求 1kHz 信号响 100ms,500Hz 信号响 200ms,交替进行。

单元小结

AT89S51 单片机有 4 个 8 位并行双向 I/O 口,即 P0、P1、P2、P3,共 32 根 I/O 线,这 4 个并行端口 P0、P1、P2、P3 口既有相同部分,也有各自的特点和功能。其中,P1、P2 和 P3 为准双向输入/输出口,P0 口则为双向三态输入/输出口。

在单片机中,并行 I/O 口主要承担着和单片机外部设备打交道的任务,输出口用于连接输出设备,常用的输出设备有 LED、数码管、蜂鸣器、继电器、液晶显示器等。输入口用于连接单片机和输入设备,常用的输入设备有按键、开关等。此外,P0 口和 P2 口在并行扩展时还作为总线口使用。P3 口还有第二功能。

使用 LED 时注意限流电阻的选择,数码管有共阴和共阳之分,蜂鸣器需要考虑驱动。

习 题

1. 试述四个并行 I/O 口各自的功能。
2. 试述四个并行 I/O 口各自的带负载能力有何不同。
3. P0 口作为输出口使用时为什么要接上拉电阻?
4. P3 口的第二功能有哪些作用?
5. 用 AT89S51 设计一个最小系统硬件电路,P1 口接一个共阳极的 LED 数码管,要求显示字符"A"。请画出系统硬件电路,并编写程序,实现控制功能。

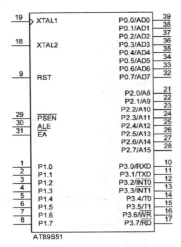
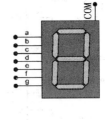

6. 设计单片机系统,用 P3.5 输出 1000Hz 的音频信号驱动扬声器,产生声音报警信号。

第5章 单片机的 I/O 口——输入口的基础应用

学习目标

- 掌握单片机并行 I/O 口的功能特点及控制方法。
- 熟悉单片机的输入口连接按键、开关等简单输入装置的控制方法。
- 会灵活选择单片机的输入口完成单片机连接按键、开关等简单输入装置的项目设计、制作、调试和运行。

5.1 单片机的输入口的结构与功能特点

在 4.1 中,我们已经学习了 AT89S51 单片机的 4 个并行 I/O 口的结构、功能特点及简单的工作原理,本节主要介绍单片机的 4 个并行 I/O 口作为输入口使用时需要注意的问题。虽然这 4 个端口的结构和功能不同,但在行使其输入功能方面,它们的结构、特点和工作原理大致一样,以 P0 口为例,其结构如图 5-1 所示。

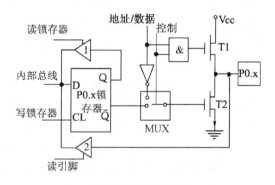

图 5-1　P0 口结构图

P0 口作输入时,必须先执行 P0 = 0xFF 指令将锁存器置"1"($Q = 1, \overline{Q} = 0$),T2 截止,否则 P0.x 引脚就会被嵌位在低电平。输入信号经由引脚 P0.x 到读引脚三态门再到内部总线。

此外,在这里还要特别说明,单片机对 P0~P3 口的输入上还有如下约定:首先是读锁存器的内容,进行处理后再写到锁存器中,这种操作被称为"读—修改—写操作"。

注意：P0、P1、P2、P3 这 4 个并行 I/O 口作为输入口使用时务必先将口线置为"1",否则可能出错!

5.2 按键的输入电路设计

5.2.1 闸刀开关与按键开关

开关是数字电路中最基本的输入设备,主要功能是把机械上的通断转换成为电气上的逻辑关系。也就是说,它能提供标准的 TTL 逻辑电平,以便与通用数字系统的逻辑电平相容。开关常分为闸刀开关和按键开关两类。

闸刀开关具有保持功能,也就是不能自动弹回。当我们按下开关时,其触点接通(或断开),若需要恢复触点状态,则需要再次按下开关。在电子电路方面,最典型的闸刀开关就是拨码开关,如图 5-2 所示。

(a) 实物图　　　　(b) 符号

图 5-2　拨码开关　　　　图 5-3　按键的实物图及符号

按键开关(Button)的特点是具有自动恢复(弹回)功能。当我们按下按键时其中的接点接通(或断开),手松开后接点恢复为断开(或接通)。在电子电路方面,最常用的按键开关就是轻触开关(Tact Switch),按键实物图与符号如图 5-3 所示。虽然这类按键有四个引脚,但实际上只有一对接点。电子电路或微型计算机使用的按键开关的尺寸多为 8mm、10mm、12mm 等。

在单片机应用系统中,除了复位按键有专门的复位电路及专一的复位功能外,其他按键都是以开关状态来设置控制功能或输入数据的。当所设置的功能键或数字键按下时,单片机应用系统应完成该按键所设定的功能,键信息输入是与软件结构密切相关的过程。

对于一组键或一个键盘,总有一个接口电路与 CPU 相连。CPU 可以采用查询或中断方式了解有无键输入并检查是哪一个键按下,然后将该键号送入,通过跳转指令转入执行该键的功能程序,执行完后再返回主程序。

5.2.2 按键及输入电路设计

要将按键作为数字电路或微型计算机的输入来使用时,通常会接一个电阻到 5V 电源或地,常用接法有两种,如图 5-4(a)、(b)所示。图 5-4(a)所示按键平时为开路状态,其中 470Ω 的电阻连接到地,使输入引脚上保持为低电平,即输入为 0;当按键按下时,单片机的输入引脚经开关被接至电源 +5V,即输入为 1。图 5-4(b)所示

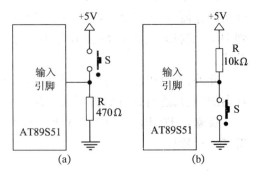

图 5-4　按键与单片机的连接示意图

按键平时也为开路状态,其中10kΩ的电阻连接到5V电源,使输入引脚上保持为高电平,即输入为1;当按键按下时,单片机的输入引脚被接地,即输入为0。

5.2.3 按键的消抖处理

机械式按键在按下或释放时,由于受机械弹性作用的影响,通常伴随有一定时间的触点机械抖动,然后其触点才稳定下来。其抖动过程如图5-5所示,抖动时间的长短与开关的机械特性有关,一般为5~10ms。

在触点抖动期间检测按键的通与断状态,可能导致判断出错。即按键一次按下或释放被错误地认为是多次操作,这种情况是不允许出现的。为了克服按键触点机械抖动所致的检测误判,必须采取去抖动措施,可从硬件、软件两方面予以考虑。当键数较少时,可采用硬件去抖;当键数较多时,宜采用软件去抖。

在硬件上可采用在键输出端加R-S触发器(双稳态触发器)或单稳态触发器构成去抖动电路,图5-6是一种由R-S触发器构成的去抖动电路,当触发器一旦翻转,触点抖动不会对其产生任何影响。

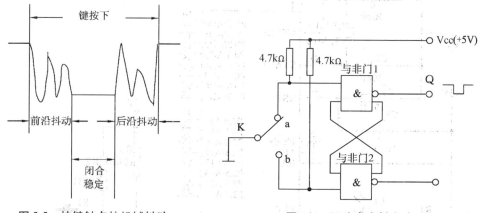

图5-5 按键触点的机械抖动　　图5-6 双稳态去抖电路

电路工作过程如下:按键未按下时,a=0,b=1,输出Q=1;按键按下时,因按键的机械弹性作用的影响,使按键产生抖动,当开关没有稳定到达b端时,因与非门2输出为0反馈到与非门1的输入端,封锁了与非门1,双稳态电路的状态不会改变,输出保持为1,输出Q不会产生抖动的波形。当开关稳定到达b端时,因a=1,b=0,使Q=0,双稳态电路状态发生翻转。当释放按键,开关未稳定到达a端时,因Q=0,封锁了与非门2,双稳态电路的状态不变,输出Q保持不变,消除了后沿的抖动波形。当开关稳定到达b端时,因a=0,b=0,使Q=1,双稳态电路状态发生翻转,输出Q重新返回原状态。由此可见,键盘输出经双稳态电路之后,输出已变为规范的矩形方波。

软件上采取的措施是:在检测到有按键按下时,执行一个10ms左右(具体时间应视所使用的按键进行调整)的延时程序后,再确认该键电平是否仍保持闭合状态电平,若仍保持闭合状态电平,则确认该键处于闭合状态;同理,在检测到该键释放后,也应采用相同的步骤进行确认,从而消除抖动的影响。

5.2.4 项目演练:键控信号灯的设计(键控灯亮)

1. 任务描述

本项目要求用单片机设计一个键控信号灯控制器,要求:单片机接一个发光二极管(LED)L1 和两个独立按键 S1、S2。按一下 S1 时,L1 点亮;按一下 S2 时,L1 熄灭。

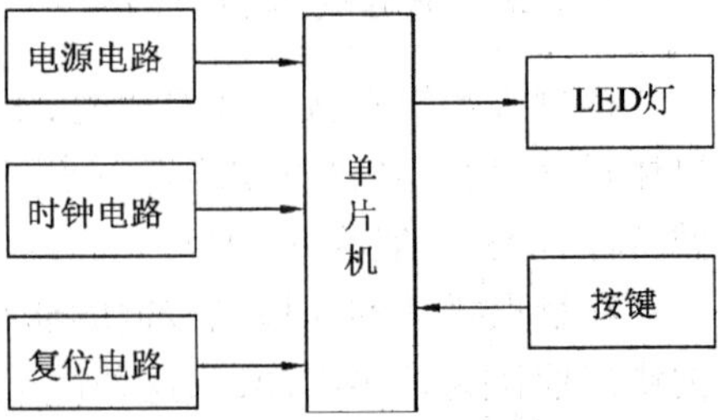

2. 总体设计

本项目的设计需要硬件与软件两大部分协调完成。系统结构如图 5-7 所示。软件部分主要实现对按键的状态判断及 LED 灯的亮灭控制。

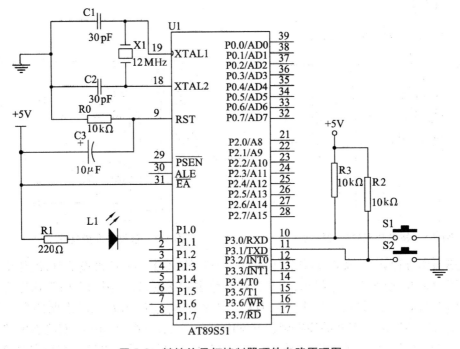

图 5-7 键控信号灯控制器的系统

3. 硬件设计

键控信号灯控制器的硬件电路如图 5-8 所示。

图 5-8 键控信号灯控制器硬件电路原理图

4. 软件设计

软件流程图如图 5-9 所示。

源程序如下:

```c
#include <reg51.h>
sbit LED = P1^0;
sbit key1 = P3^0;
sbit key2 = P3^1;
void main( )
```

```
    key1 = 1; key2 = 1;  //输入口置1,做输入准备
    LED = 1;             //关闭 LED
    while(1)
    {   if(key1 == 0) LED = 0;
                         //按下 S1,LED 点亮
        else if(key2 == 0) LED = 1;
                         //按下 S2,LED 熄灭
    }
}
```

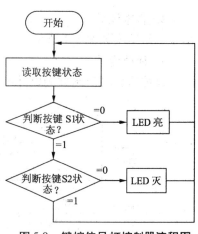

图 5-9　键控信号灯控制器流程图

5. 虚拟仿真与调试

键控信号灯控制器的 Proteus 仿真硬件电路图如图 5-10 所示,在 Keil μVision3 与 Proteus 环境下完成仿真调试。观察调试结果如下:当按下 S1 时 L1 点亮;当按下 S2 时 L1 熄灭。

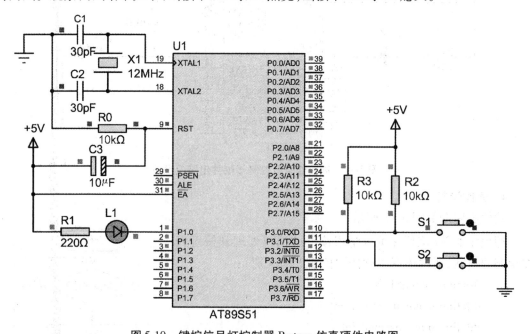

图 5-10　键控信号灯控制器 Proteus 仿真硬件电路图

6. 能力拓展

该项目中是否需要考虑消抖? 若两个按键同时按下会怎样?

5.2.5　项目演练:键控信号灯的设计(考虑对按键消抖和按键释放的判断)

1. 任务描述

本项目要求用单片机设计一个键控信号灯控制器,要求:单片机接一个发光二极管 (LED)L1 和 1 个独立按键 S1。按一下 S1 时 L1 点亮,再按一下 S1 时 L1 熄灭,再按一下 S1 时 L1 又点亮,之后周而复始(要求考虑按键抖动,采用软件方法消抖)。

2. 总体设计

系统结构如图 5-7 所示。

3. 硬件设计

键控信号灯控制器的硬件电路如图 5-11 所示。

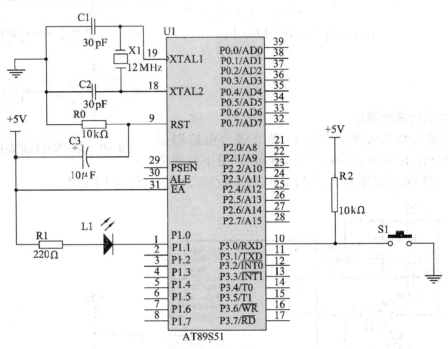

图 5-11 键控信号灯控制器硬件电路原理图

4. 软件设计

软件流程图如图 5-12 所示。

源程序如下（该程序重点学习按键的消抖处理和按键释放状态的判断,通过仿真注意按键控制上的区别）：

```c
#include <reg51.h>
#define uchar unsigned char
#define uint unsigned int
sbit LED = P1^0;
sbit key = P3^0;
void DelayMS(uint x)       //x ms 延时函数
{   uchar t;
    while(x--)
    {   for(t=120;t>0;t--);
    }
}
void main()
```

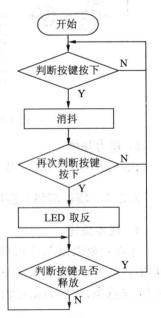

图 5-12 键控信号灯控制器流程图

```
        {
            while(1)
            {
                if(key==0)                    //第一次判断按键是否按下
                {
                    DelayMS(5);               //调用5ms延时函数消抖
                    if(key==0)                //再次判断按键是否按下
                    {
                        LED = ~LED;           //LED状态取反
                        while(key==0);        //等待按键释放
                    }
                }
            }
        }
```

5. 虚拟仿真与调试

键控信号灯控制器的 Proteus 仿真硬件电路图如图 5-13 所示,在 Keil μVision3 与 Proteus 环境下完成仿真调试。观察调试结果如下:当按下 S1 时 L1 点亮;再按下 S1 时 L1 熄灭。循环往复。

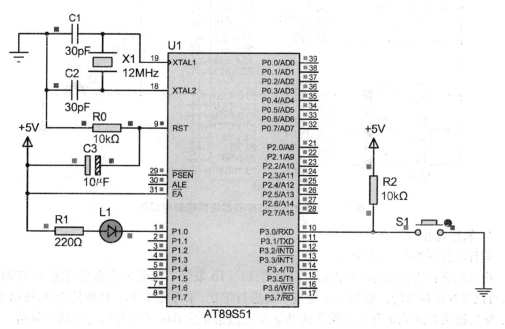

图 5-13　键控信号灯控制器 Proteus 仿真硬件电路图

6. 能力拓展

若不加消抖处理,该程序运行结果怎样?若没有"while(key==0);"语句,即不对按键是否释放做处理,程序运行时会出现什么情况?还能达到控制要求吗?

5.2.6　项目演练:键控信号灯的设计(一键多功能)

1. 任务描述

本项目要求用单片机设计一个键控信号灯控制器,要求:单片机接 3 个发光二极管(LED)L1、L2、L3 和 1 个独立按键 S1。上电后灯全部不亮,第 1 次按下 S1 时 L1 点亮,第 2

次按下 S1 时 L2 点亮,第 3 次按下 S1 时 L3 点亮,第 4 次按下 S1 时灯全熄灭。之后周而复始。

2．总体设计

系统结构如图 5-7 所示。

3．硬件设计

键控信号灯控制器的硬件电路如图 5-14 所示。L1 接 P1.0,L2 接 P1.1,L3 接 P1.2,按键 S1 接 P3.0。

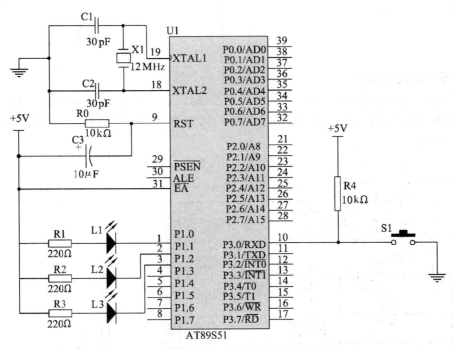

图 5-14　键控信号灯控制器硬件电路原理图

4．软件设计

软件流程图如图 5-15 所示。

设计思路：从上面的要求我们可以看出,L1～L3 发光二极管的点亮受按键 S1 控制,在此,可以对按键按下的次数用一个变量 flag 进行记忆,未按键时 flag 初始值为 0,按第 1 次 flag 为 1,按第 2 次 flag 为 2,按第 3 次 flag 为 3,按第 4 次 flag 又变为 0,之后周而复始。

源程序如下：

```
#include <reg51.h>
#define uchar unsigned char
#define uint unsigned int
sbit LED1 = P1^0;
sbit LED2 = P1^1;
sbit LED3 = P1^2;
sbit key = P3^0;
uint flag = 0;                    //按键按下次数标志,初始值为 0
```

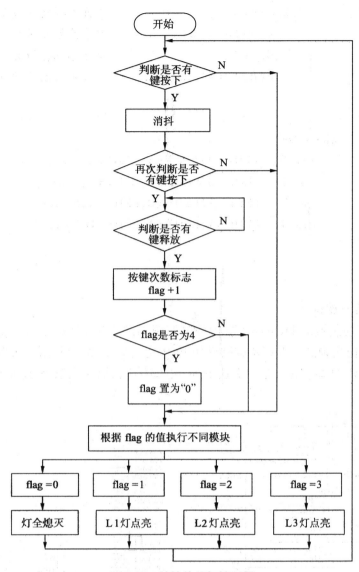

图 5-15　键控信号灯控制器

```
void DelayMS( uint x)                    //x ms 延时函数
{   uchar t;
    while( x -- )
    {   for( t = 120; t > 0; t -- );
    }
}


void main( )
{   while(1)
    {   if( key == 0)                    //第一次判断按键是否按下
        {   DelayMS(5);                  //调用5ms延时函数消抖
```

```
                    if(key==0)                     //再次判断按键是否按下
                    {  while(key==0);              //等待按键释放
                       flag++;                     //标志 flag 加 1
                       if(flag==4){flag=0;}        //第 4 次按下按键时,flag 回到 0
                    }
                }
             switch(flag)
              {  case 0: {LED1=1;LED2=1;LED3=1;break;}
                 case 1: {LED1=0;LED2=1;LED3=1;break;}
                 case 2: {LED1=1;LED2=0;LED3=1;break;}
                 case 3: {LED1=1;LED2=1;LED3=0;break;}
              }
         }
     }
```

5. 虚拟仿真与调试

键控信号灯控制器的 Proteus 仿真硬件电路图如图 5-16 所示,在 Keil μVision3 与 Proteus 环境下完成仿真调试。观察调试结果如下:上电后灯全部不亮,第 1 次按下 S1 时 L1 点亮,第 2 次按下 S1 时 L2 点亮,第 3 次按下 S1 时 L3 点亮,第 4 次按下 S1 时灯全熄灭,之后周而复始。

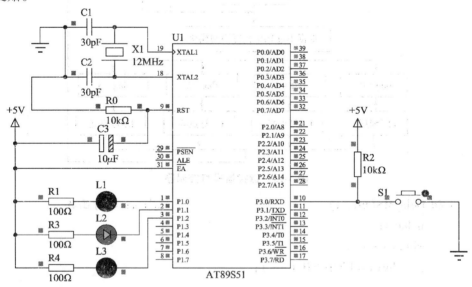

图 5-16 键控信号灯控制器硬件电路原理图

6. 能力拓展

将 LED 灯换成一个共阳极 7 段数码管接至 P1 口,一个按键 S 控制数码管显示的数字顺序:若 S 未被按下,数码管显示 0;若 S 被按下第 1 次,数码管开始按照"1、2、3、4、5、6、7、8、9、0"顺序显示;若 S 被按下第 2 次,数码管按照"0、9、8、7、6、5、4、3、2、1"顺序显示。每个数字显示时间均为 1s。

5.3 综合项目演练：花样彩灯控制器的设计

1. 任务描述

花样彩灯控制器在我们日常生活中有重要的运用，如广告牌的设计和节日彩灯的设计都能运用到它的原理。本任务是设计一个四种花样彩灯控制器，具体要求如下：

- 能自动完成各种花样变换。
- 每一种花样循环次数可控，多种花样不断循环。
- 在运行中由一位数码管显示花样的种类。
- 控制器具有暂停、关闭、重启功能。

2. 任务分析

本设计要求运用单片机来设计四种花样彩灯控制器。需要解决以下几个问题：① 单片机的选型；② 单片机与16个色彩各异的信号灯接口电路的构建；③ 单片机与外部输入信号接口的构建；④ 花样彩灯显示延时软件设计方法。

单片机的选型同前面项目。信号灯选择16个红色或绿色或黄色发光二极管即可。

3. 任务实施

（1）总体设计。

根据任务分析，花样彩灯控制器系统结构图如图5-17所示。主要采用AT89S51单片机来控制管理，首先分析设计要求，根据花样确定编码，把花样编码以数组的形式放在程序存储器里，当彩灯完成一种花样时，通过软件定时实现彩灯的自循环，每一种花样自循环次数可控。当自循环次数到规定次数，自动转换，选择另一种码输出，彩灯变为下一种花样，直到完成四种花样，再循环往复变化。整个系统工作时，花样彩灯显示延时的秒信号产生根据机器周期来计算，使用软件延时的方法。

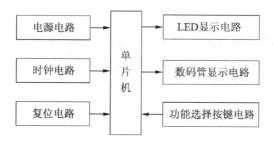

图5-17 花样彩灯控制器的系统结构图

（2）硬件设计。

花样彩灯控制器的原理图如图5-18所示。实现该项目的硬件电路中包含的主要元器件为：AT89S51 1片、色彩各异的LED发光二极管16个、LED共阳极数码管1个、12MHz晶振1个、按键3个、电阻和电容等若干。

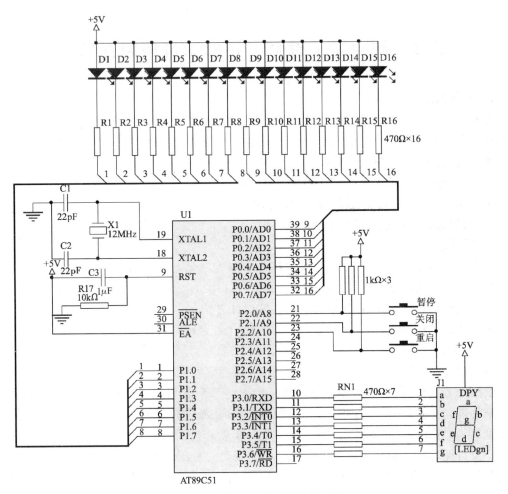

图 5-18 花样彩灯控制器的原理图

(3) 软件设计。

花样彩灯控制器的软件流程图如图 5-19 所示。软件采用模块化设计方法,本程序具有如下模块:预处理定义模块、花样定义模块、LED 共阳极数码管 0~F 显示字形常数表、主程序模块、延时模块。

源程序如下:

```
//预处理定义模块
#include <reg52.h>
#define uchar unsigned char
#define uint unsigned int
    sbit    P2_0 = P2^0;
    sbit    P2_1 = P2^1;
    sbit    P2_2 = P2^2;
//花样定义模块
uchar code P0_P1[ ] = {0xF0,0xF0,0xCC,0xCC,0xAA,0xAA,0xCA,0xCA};
```

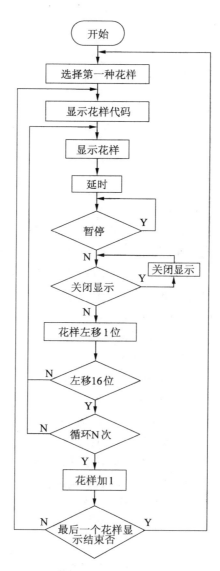

图 5-19 花样彩灯控制器的软件流程图

```
uchar code COUNT[ ] = {0x02,0x02,0x02,0x02};
// LED 共阳极数码管 0~F 显示字形常数表
uchar code seg[17] =
{   0xC0,0xF9,0xA4,0xB0,0x99,0x92,0x82, 0xF8,0x80,0x90,      //0~9
                0x88,0x83,0xC6,0xA1,0x86,0x8E     //A,b,C,d,E,F
};

//延时模块
void DelayMS( uint x)                              //x ms 延时函数
{   uchar t;
    while( x -- )
```

```
            for(t = 120; t > 0; t--);
        }
    }
}

//主程序模块
void main()
{   uchar i,j,k;
    uint aa;
    while(1)
    {   start:
        for(i = 0; i < 4; i++)
        {   P3 = seg[i+1];                    //在运行中由一位数码管显示花样的种类
            aa = P0_P1[i*2+1]*256 + P0_P1[i*2];
            for(j = 0; j < COUNT[i]; j++)
            {   for(k = 0; k < 16; k++)
                {   P0 = aa/256;              //各种花样输出
                    P1 = aa%256;
                    DelayMS(1000);
                    aa <<= 1;
                    aa |= CY;
                    while(P2_0 == 0);                              //暂停
                    while(P2_1 == 0){P0 = 0xFF; P1 = 0xFF;}        //关闭显示
                    if(P2_2 == 0) goto start;                      //重启功能
                }
            }
        }
    }
}
```

（4）虚拟仿真。

花样彩灯控制器的 Proteus 仿真硬件电路图如图 5-20 所示，在 Keil μVision3 与 Proteus 环境下完成仿真调试。观察调试结果如下：观察 16 个发光二极管的亮灭状态。正常的运行结果是：系统能自动完成各种花样变换，多种花样不断循环。在运行中，数码管能显示花样的种类。电路中的三个按键分别具有暂停、关闭、重启功能。

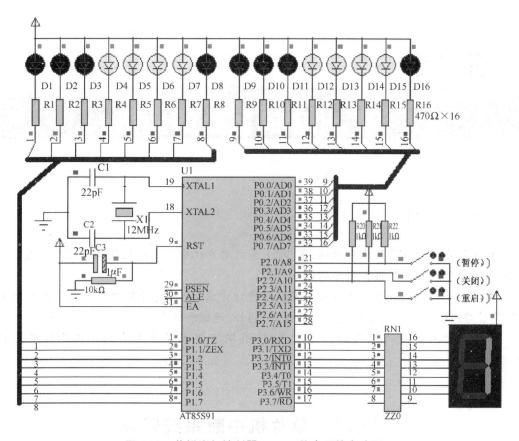

图 5-20 花样彩灯控制器 Proteus 仿真硬件电路图

单元小结

本单元主要介绍单片机 4 个并行 I/O 口 P0、P1、P2、P3 口作为输入口使用时的设计方法。作为输入口使用时,特别需要注意,在读取输入口内容前先要对各 I/O 口线置"1"。按键作为常用输入设备,在使用时需要消抖,常采用软件消抖方式。

习　题

1. 作为输入口使用时,单片机的四个并行 I/O 口需要先置为高电平才能读取数据,为什么?
2. 单片机的并行 I/O 口接按键时,硬件电路怎么设计?程序该如何编写?
3. 简述按键消抖的两种方法。

第6章 单片机中断系统的应用

学习目标

- 了解中断的基本概念和功能,掌握51系列单片机中断系统的结构和控制方式。掌握中断初始化程序和中断服务程序的编写方法。
- 掌握外部中断控制方式的使用及程序设计方法,能利用外部中断方式实现控制和处理,能够对外部中断控制系统完成项目设计、制作、调试和运行。
- 掌握中断优先级排队的工作过程,能够根据要求对多个中断源优先级进行正确处理。

6.1 单片机中断系统概述

中断系统是单片机的重要组成部分。在中断的支持下,单片机可以实现实时控制、故障自动处理、单片机与外围低速设备间的高效数据传送,中断系统的应用大大提高了单片机的处理效率。

6.1.1 中断的概念

可以通过硬件来改变CPU指令的运行顺序。单片机在执行程序的过程中,当出现CPU以外的某种紧急情况,要求CPU暂时中断当前程序的执行而转去执行处理紧急情况的程序,待处理程序执行完毕后,再继续执行原来被中断的程序。这种程序在执行过程中由于外界的原因而被中间打断的情况称为"中断"。单片机中实现中断机制的部分,被称为中断系统。引起中断的原因,或能发出中断申请的来源,被称为"中断源"。CPU响应"中断"之后所执行的相应的处理程序通常被称为中断服务程序。原来正常运行的程序被称为主程序。主程序被断开的位置(或地址)被称为"断点"。

中断流程图如图6-1所示,主要包括四个阶段:中断请求、

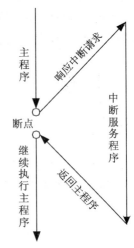

图6-1 中断响应过程流程图

中断响应、中断处理和中断返回。

1. 中断请求

中断源要求服务的请求,称为"中断请求"(或中断申请),中断请求信号通常是一种电信号,不同的中断源发出中断申请的原因是不同的。

2. 中断响应

当 CPU 收到中断源发出的中断申请后,能根据具体情况决定是否响应中断,如果 CPU 没有更紧急、更重要的工作,则在执行完当前指令后响应这一中断请求,这个过程叫作中断响应。

3. 中断处理

CPU 响应中断请求后转而去处理紧急情况的过程叫作中断处理,中断处理过程就是执行处理紧急情况的中断服务程序的过程。

4. 中断返回

中断返回是 CPU 执行完中断服务程序返回断点的过程。

6.1.2 中断源

单片机的中断源有如下几种:

1. 电平变化

这类中断是指当外部设备状态改变时引起单片机的引脚电平变化而产生的中断,当 CPU 检测到单片机相关引脚电平发生变化时,会由硬件自动调用对应的中断处理程序。

2. 计数器溢出

这类中断是通过对单片机内部的脉冲或单片机引脚上的脉冲进行计数,当出现计数器的数值溢出时引起单片机中断。

3. 串行通信

串行通信是通信中以时间换取空间的一种数据传送方式,但一次数据传送时间较长,为了和单片机的高速运行相匹配,当单片机发出或接收到一个串行数据时,由单片机内部硬件发出一个中断请求。

4. 其他中断源

在一些功能较为强大的单片机芯片内部,还增加了 A/D、EEPROM 等低速设备,同时为这些设备提供了中断安排。当这些设备完成一次操作时,将向单片机发出一次中断请求。

6.1.3 中断的特点

1. 分时操作

中断可以解决快速的 CPU 与慢速的外设之间的矛盾,使 CPU 和外设同时工作。CPU 在启动外设工作后继续执行主程序,同时外设也在工作,每当外设做完一件事就发出中断申请,请求 CPU 中断它正在执行的程序,转去执行中断服务程序(一般情况是处理输入/输出数据),中断处理完之后,CPU 恢复执行主程序,外设也继续工作。这样,CPU 可启动多个外设同时工作,大大地提高了 CPU 的工作效率。

2. 实时处理

在实时控制中,现场的各种参数、信息均随时间和现场而变化。这些外界变量可根据要求随时向 CPU 发出中断申请,请求 CPU 及时处理,如中断条件满足,CPU 马上就会响应进行相应的处理,从而实现实时处理。

3. 故障处理

针对难以预料的情况或故障,如掉电、程序跑飞等,由故障源通过中断系统向 CPU 发出中断请求,再由 CPU 转到相应的故障处理程序进行处理。

6.1.4 中断优先权

通常,单片机系统中有多个中断源,当有多个中断源同时发出中断请求时,要求单片机能确定哪个中断更紧迫,以便首先响应。为此,单片机给每个中断源规定了优先级别,称为优先权。这样,当多个中断源同时发出中断请求时,优先权高的中断能先被响应,只有优先权高的中断处理结束后才能响应优先权低的中断。单片机按中断源优先权高低逐次响应的过程被称为优先权排队,这个过程可通过硬件电路来实现,也可通过软件查询来实现。

6.1.5 中断嵌套

当 CPU 响应某一中断时,若有优先权高的中断源发出中断请求,则 CPU 中断正在进行的中断服务程序,并保留这个程序的断点(类似于子程序嵌套),响应高级中断,高级中断处理结束以后,再继续进行被中断的中断服务程序,这个过程被称为中断嵌套,其示意图如图 6-2 所示。如果发出新的中断请求的中断源的优先权级别与正在处理的中断源同级或更低时,CPU 不会响应这个中断请求,直至正在处理的中断服务程序执行完以后才能去处理新的中断请求。

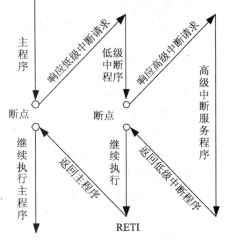

图 6-2 中断嵌套流程图

6.2 51 系列单片机的中断系统

6.2.1 单片机的中断系统结构与控制

51 系列单片机(以 AT89S51 为例)的中断系统主要由与中断有关的 4 个特殊功能寄存器和硬件查询电路等组成。4 个特殊功能寄存器分别是:定时控制寄存器 TCON、串行口控制寄存器 SCON、中断允许寄存器 IE 和中断优先级寄存器 IP。在中断工作过程中,它们主要用于控制中断的开放和关闭、保存中断信息、设定中断优先级。硬件查询电路主要用于判别 5 个中断源的自然优先级别。中断系统结构图如图 6-3 所示。

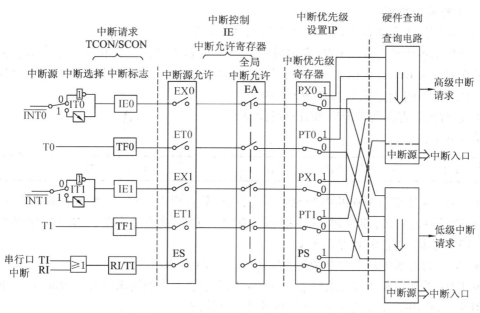

图 6-3　51 系列单片机中断系统结构图

1. 中断源

单片机类型不同,中断源的数量也不同。51 系列单片机的中断源有五个,三个是内部中断源,两个是外部中断源。

(1) 外部中断源。

通常外部中断是指外部设备(如打印机、键盘、外部故障等)引起的中断。单片机的外部中断源有两个,分别是外部中断 0($\overline{INT0}$)和外部中断 1($\overline{INT1}$)。

- $\overline{INT0}$:外部中断 0 请求,由 P3.2 脚输入。通过 IT0 位来决定是低电平有效还是下跳变有效。一旦输入信号有效,硬件自动将外部中断 0 请求标志 IE0 置"1",并向 CPU 申请中断。

- $\overline{INT1}$:外部中断 1 请求,由 P3.3 脚输入。通过 IT1 位来决定是低电平有效还是下跳变有效。一旦输入信号有效,硬件自动将外部中断 1 请求标志 IE1 置"1",并向 CPU 申请中断。

(2) 内部中断源。

由单片机内部的功能单元(定时器或串行口)所引起的中断被称为内部中断。单片机的内部中断源有 3 个,分别是定时器 0(T0)中断、定时器 1(T1)中断和串行口中断。

- T0 中断:由定时器 T0 定时或计数溢出引起。在定时器 T0 溢出时硬件自动将 TF0 溢出标志置"1",并向中断系统提出中断请求。

- T1 中断:由定时器 T1 定时或计数溢出引起。在定时器 T1 溢出时硬件自动将 TF1 溢出标志置"1",并向中断系统提出中断请求。

- 串行口中断:为接收或发送串行数据而设置。串行口发送一帧数据,便由硬件自动将发送请求标志 TI 置"1",向 CPU 申请中断;串行口接收一帧数据,便由硬件自动将接收请求标志 RI 置"1",向 CPU 申请中断。

2. 中断系统控制

(1) 中断标志类寄存器：TCON 寄存器与 SCON 寄存器。

单片机的各中断源在向 CPU 发出请求时，硬件系统会自动产生相应的中断请求标志，5 个中断源共生成 6 个请求标志。其中，外部中断源、定时/计数器的中断请求标志位分布在 TCON 中，串口中断标志位分布在 SCON 中。

① 定时控制寄存器 TCON(88H)：可位寻址。

格式如下：

| TF1 | TR1 | TF0 | TR0 | IE1 | IT1 | IE0 | IT0 |

- IT0：为外部中断 0 的中断触发标志位，由软件设置，以控制外部中断的触发类型。IT0 = 1，边沿触发方式，即测到 P3.2 引脚上有"1"→"0"跳变才有效；IT0 = 0，电平触发方式，在 P3.2 引脚上有"0"电平就有效。
- IT1：为外部中断 1 的中断触发标志位，与 IT0 的作用相同。
- IE0：外部中断 0 的请求标志，当测到 P3.2 引脚上中断请求信号有效时，由内部硬件置位 IE0，请求中断，中断响应后，该位被硬件自动清除。
- IE1：外部中断 1 的请求标志，功能同 IE0。

注意：为保证 CPU 检测到有效信号，对于低电平触发的外部中断，"0"电平至少应保持 1 个机器周期；对于外部边沿触发中断，"0""1"电平至少各保持 1 个机器周期。

- TF0：定时器 T0 溢出中断标志。
- TF1：定时器 T1 溢出中断标志。
- TR0 与 TR1：见定时器部分。

② 串行控制寄存器 SCON(98H)：可位寻址。

串行口控制寄存器 SCON 的低 2 位 TI 和 RI 保存串行口的两个中断请求标志，SCON 格式如下：

| SM0 | SM1 | SM2 | REN | TB8 | RB8 | TI | RI |

- TI：串行口发送中断标志。串行口每发送完一帧数据，便由硬件置 TI = 1，向 CPU 申请中断。当向串行口的数据缓冲器 SBUF 写入一个数据后，立刻启动发送器继续发送。CPU 响应中断后，不会由硬件自动对 TI 清"0"，必须在中断服务程序中对其清"0"。
- RI：串行口接收中断标志。当串行口接收器允许接收时，每收到一帧数据，便由硬件置 RI = 1，向 CPU 申请中断。CPU 响应中断后，也必须在中断服务程序中对其清"0"。

SCON 的其他各位的功能见串行通信部分。

(2) 中断允许寄存器 IE(A8H)：可位寻址。

计算机中断系统有两种不同类型的中断：一类为非屏蔽中断，另一类为可屏蔽中断。对非屏蔽中断，用户不能用软件的方法加以进制，一旦有中断申请，CPU 必须响应。对于可屏蔽中断，用户可通过软件的方法来控制是否允许某个中断源的中断，允许中断又被称为中断开放，不允许中断又被称为中断屏蔽。AT89S51 单片机的 5 个中断源均为可屏蔽中断。这些中断的开放与屏蔽是由特殊功能寄存器 IE 控制的，IE 的控制分为两级，类似于开关，其中第一级为一个总开关，第二级为五个分开关。

IE 格式如下：

| EA | / | / | ES | ET1 | EX1 | ET0 | EX0 |

- EA：中断总控制位。EA=1,CPU 开放中断；EA=0,CPU 禁止所有中断。
- ES：串行口中断控制位。ES=1,允许串行口中断；ES=0,屏蔽串行口中断。
- ET1：定时/计数器 T1 中断控制位。ET1=1,允许 T1 中断；ET1=0,禁止 T1 中断。
- EX1：外中断 1 中断控制位。EX1=1,允许外中断 1 中断；EX1=0,禁止外中断 1 中断。
- ET0：定时/计数器 T0 中断控制位。ET1=1,允许 T0 中断；ET1=0,禁止 T0 中断。
- EX0：外中断 0 中断控制位。EX1=1,允许外中断 0 中断；EX1=0,禁止外中断 0 中断。

（3）中断优先级寄存器 IP(B8H)：可位寻址。

CPU 同一时间只能响应一个中断请求。若同时来了两个或两个以上中断请求,就必须有先有后。为此,51 单片机设有两个中断优先级,每个中断源都可以通过编程确定为高优先级中断或低优先级中断,由 IP 控制。IP 格式如下：

| / | / | / | PS | PT1 | PX1 | PT0 | PX0 |

若某位置"1",则对应的中断源为高优先级；反之,为低优先级。当系统复位后,IP 低 5 位全部清"0",所有中断源均设定为低优先级中断。

- PS：串行口中断优先级控制位。
- PT1：定时/计数器 1 中断优先级控制位。
- PX1：外部中断源 1 中断优先级控制位。
- PT0：定时/计数器 0 中断优先级控制位。
- PX0：外部中断源 0 中断优先级控制位。

中断优先级遵守如下规则：

◇ 不同级的中断源同时申请中断时:先高后低。
◇ 处理低级中断时接收到高级中断时:停低转高。
◇ 处理高级中断时收到低级中断:高不睬低。
◇ 同级中断源同时申请中断时,CPU 通过内部硬件查询电路,按自然优先级顺序确定先响应哪个中断请求。自然优先级由硬件形成,排列如下：

（最低）串行口中断→T1 中断→$\overline{INT1}$中断→T0 中断→$\overline{INT0}$中断（最高）

总之,在实际使用时,5 个中断源的排列顺序由中断优先级控制寄存器 IP 和顺序查询逻辑电路共同决定。

6.2.2 单片机的中断处理过程

1．中断响应

中断响应是 CPU 对中断源中断请求的响应,包括保护断点和将程序转向中断服务程序的入口地址（通常称矢量地址）。CPU 并非任何时刻都响应中断请求,而是在中断响应条件满足之后才会响应。

(1)中断响应条件。

CPU 响应中断的条件有：

a. 有中断源发出中断请求。

b. 中断总允许位 EA=1。

c. 申请中断的中断源允许。

满足以上基本条件，CPU 一般会响应中断，但若有下列任何一种情况存在，则中断响应会受到阻断。

a. CPU 正在响应同级或高优先级的中断。

b. 当前指令未执行完。

c. 正在执行中断返回指令或访问专用寄存器 IE 和 IP 的指令。

若存在上述任何一种情况，中断查询结果即被取消，CPU 不响应中断请求而在下一机器周期继续查询；否则，CPU 在下一机器周期响应中断。

CPU 在每个机器周期的 S5P2 期间查询每个中断源，并设置相应的标志位，在下一机器周期 S6 期间按优先级顺序查询每个中断标志，如查询到某个中断标志为 1，将在再下一个机器周期 S1 期间按优先级进行中断处理。

(2)中断响应过程。

中断响应过程包括保护断点和将程序转向中断服务程序的入口地址。首先，中断系统通过硬件自动生成长调用指令（LCALL），该指令将自动把断点地址压入堆栈保护（不保护累加器 A、状态寄存器 PSW 和其他寄存器的内容），然后将对应的中断入口地址装入程序计数器 PC（由硬件自动执行），使程序转向该中断入口地址，执行中断服务程序。51 系列单片机各中断源的入口地址由硬件事先设定，其分配情况如表 6-1 所示。要特别强调的是，在使用 Keil C51 时，C51 中断服务程序函数的后面应该具有关键字"interrupt"和对应的中断号，中断服务函数的中断号如表 6-1 中中断号所示。

表 6-1　中断入口地址和中断编号

中断源	中断入口地址	C51 中断号	中断源	中断入口地址	C51 中断号
外部中断 0	0003H	0	定时器 T1 中断	001BH	3
定时器 T0 中断	000BH	1	串行口中断	0023H	4
外部中断 1	0013H	2			

2．中断处理

中断处理就是执行中断服务程序。中断服务程序从中断入口地址开始执行，一般包括两部分内容：一是保护现场，二是完成中断源请求的服务。

通常，主程序和中断服务程序都会用到累加器 A、状态寄存器 PSW 及其他一些寄存器，当 CPU 进入中断服务程序用到上述寄存器时，会破坏原来存储在寄存器中的内容，一旦中断返回，将会导致主程序的混乱。因此，在进入中断服务程序后，一般要先保护现场，然后执行中断处理程序，在中断返回之前再恢复现场。

3．中断返回

中断返回是指中断服务完后，单片机返回原来断开的位置（即断点），继续执行原来的程序。在使用 C51 编程时,中断服务程序在编译时会自动添加中断返回指令和堆栈操作。

中断处理过程如图 6-4 所示。

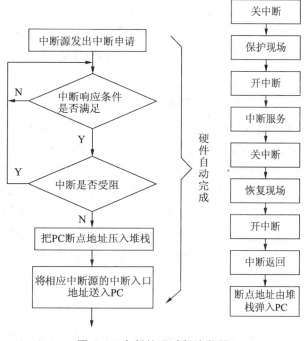

图 6-4 中断处理过程流程图

6.2.3 单片机中断请求的撤除

CPU 响应中断请求后即进入中断服务程序,在中断返回前,应撤除该中断请求;否则,会重复引起中断而导致错误。51 单片机各中断源中断请求撤销的方法各不相同。

1. 定时器中断请求的撤除

对于定时器 0 或 1 溢出中断,CPU 在响应中断后即由硬件自动清除其中断标志位 TF0 或 TF1,无须采取其他措施。

2. 串行口中断请求的撤除

对于串行口中断,CPU 在响应中断后,硬件不能自动清除中断请求标志位 TI 和中断接收标志位 RI,必须在中断服务程序中用软件将其清除。

3. 外部中断请求的撤除

外部中断可分为边沿触发型和电平触发型。

对于边沿触发的外部中断 0 或 1,CPU 在响应中断后由硬件自动清除其中断标志位 IE0 或 IE1,无须采取其他措施。

对于电平触发的外部中断,其中断请求撤除方法较复杂。因为对于电平触发外中断,CPU 在响应中断后,硬件不会自动清除其中断请求标志位 IE0 或 IE1,同时,也不能用软件将其清除,所以,在 CPU 响应中断后,应立即撤除 $\overline{INT0}$ 或 $\overline{INT1}$ 引脚上的低电平;否则,就会引起重复中断而导致错误。而 CPU 又不能控制 $\overline{INT0}$ 或 $\overline{INT1}$ 引脚的信号,因此,只有通过硬件再配合相应软件才能解决这个问题。图 6-5 是可行方案之一。

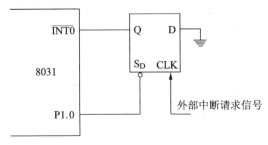

图 6-5　撤除外部中断请求的电路

由图可知,外部中断请求信号不直接加在 $\overline{INT0}$ 或 $\overline{INT1}$ 引脚上,而是加在 D 触发器的 CLK 端。由于 D 端接地,当外部中断请求的正脉冲信号出现在 CLK 端时,Q 端输出为 0, $\overline{INT0}$ 或 $\overline{INT1}$ 为低,外部中断向单片机发出中断请求。利用 P1 口的 P1.0 作为应答线,当 CPU 响应中断后,可在中断服务程序中采用两条指令:"P1& = ~0x01;P1| =0x01;",用来撤除外部中断请求。第一条指令使 P1.0 为 0,因 P1.0 与 D 触发器的异步置 1 端 S_D 相连,Q 端输出为 1,从而撤除中断请求。第二条指令使 P1.0 变为 1,$\overline{Q} = 1$,Q 继续受 CLK 控制,即新的外部中断请求信号又能向单片机申请中断。第二条指令是必不可少的,否则,将无法再次形成新的外部中断。

6.3　51 系列单片机中断系统软件设计方法

单片机中断系统的程序设计主要包括两个部分:中断初始化程序和中断服务程序。中断初始化程序主要完成为响应中断而进行的初始化工作,这些工作主要有中断源的设置、中断服务程序中有关单元的初始化和中断控制的设置。中断服务程序则是一种具有特定功能的独立程序段,可根据中断源的具体要求进行服务。

6.3.1　中断系统的初始化编程

51 单片机中断系统初始化是指用户对 4 个与中断有关的特殊功能寄存器 TCON、SCON、IE 和 IP 进行管理和控制,对这些特殊功能寄存器中各控制位进行赋值。中断初始化程序一般都包含在主程序中,通过几条指令来完成。初始化步骤如下:

① 开相应中断源的中断:通过设置 IE 中相应的位来实现。
② 设定所用中断源的中断优先级:通过设置 IP 中相应的位来实现。
③ 若为外部中断,则应规定其触发方式是低电平触发方式还是负边沿触发方式(对 TCON 中的 IT0 或 IT1 设置)。

例如,将外部中断 1 设置为低电平触发的初始化程序。
方法 1:采用位操作指令:

C 代码	作用
EA = 1;	//开中断
EX1 = 1;	//允许外部中断 1 中断
PX1 = 1;	//设置外部中断 1 为高优先级别中断
IT1 = 0;	//外部中断 1 为低电平中断

方法 2：采用字节型指令：

C 代码	作用
IE = 0x84;	//开$\overline{\text{INT1}}$中断
IP| = 0x04;	//令$\overline{\text{INT1}}$为高优先级
TCON& = 0XFB;	//令$\overline{\text{INT1}}$为电平触发

6.3.2 中断服务程序的编写

C51 语言允许用户自己编写中断服务程序，即中断服务函数。为了在 C 语言源程序中直接编写中断服务函数的需要，Keil Cx51 编译器对函数的定义进行了扩展，增加了一个扩展关键字 interrupt，它是函数定义时的一个选项，加上这个选项，即可以将一个函数定义成中断服务函数。

定义中断服务函数的一般形式如下：

　　函数类型　　函数名(形式参数表)[interrupt n] [using n]

关键字 interrupt 后面的 n 是中断号，n 的取值范围为 0~31。编译器从 8n+3 处产生中断向量，具体的中断号 n 和中断向量取决于 51 系列单片机芯片型号，常用中断源和中断向量如表 6-1 所示。

51 系列单片机可以在片内 RAM 中使用 4 个不同的工作寄存器组，每个寄存器组中包含 8 个工作寄存器(R0~R7)。Keil Cx51 编译器扩展了一个关键字 using，专门用来选择 51 单片机中不同的工作寄存器组。using 后面的 n 是一个 0~3 的常整数，分别选中 4 个不同的工作寄存器组。在定义一个函数时 using 是一个选项，如果不用该选项，则由编译器自动选择一个寄存器组作绝对寄存器组访问。需要注意的是，关键字 using 和 interrupt 的后面都不允许跟带运算符的表达式。

编写 51 单片机中断函数时应遵循以下规则。

① 中断函数不能进行参数传递，如果中断函数中包含任何参数声明都将导致编译出错。

② 中断函数没有返回值，如果企图定义一个返回值，将不会得到正确的结果。因此，建议在定义中断函数时将其定义为 void 类型，以明确说明没有返回值。

③ 在任何情况下都不能直接调用中断函数，否则会产生编译错误。

④ 如果在中断函数中调用了其他函数，则被调用函数所使用的寄存器组必须与中断函数相同。用户必须保证按要求使用相同的寄存器组，否则会产生不正确的结果，这一点必须引起足够的注意。如果定义中断函数时没有使用 using 选项，则由编译器自动选择一个寄存器组作绝对寄存器组访问。另外，由于中断的产生不可预测，中断函数对其他函数的调用可能形成递归调用，需要时可将被中断函数所调用的其他函数定义成再入函数。

⑤ Keil Cx51 编译器从绝对地址 8n+3 处产生一个中断向量，其中 n 为中断号。该向量

包含一个到中断函数入口地址的绝对跳转。在对源程序编译时,可用编译控制命令 NOINTVECTOR 抑制中断向量的产生,从而使用户有能力从独立的汇编程序模块中提供中断向量。

例 6-1 若 P1 口的低 4 位接开关,P1 口的高 4 位接发光二极管,P3.2 接开关,P3.2 开关每产生一个负跳变状态,读 P1 口的低 4 位开关状态,使开关状态反映在 P1 口的高 4 位发光二极管上。

源程序如下:

```
#include <reg51.h>
int0( ) interrupt 0          // 中断函数的中断号为 0,表示该函数是
                             // 外部中断 0 的中断服务程序
{  P1 <<= 4;                 // 读入开关状态,并左移四位,使开关
}                            // 反映在发光二极管上

void main( )
{  EA = 1;                   // 开中断总开关
   EX0 = 1;                  // 允许 INT0 中断
   IT0 = 1;                  // 下降沿产生中断
   P1 = 0x0F;                // 输入端先置"1",灯熄灭
   while(1);                 // 等待中断
}
```

主函数执行"while(1);",语句进入死循环等待中断,当拨动 INT0 的开关后进入中断函数,读入 P1.0~P1.3 的开关状态,并将状态数据右移四位到 P1.4~P1.7 的位置上输出,控制 LED 点亮,执行完中断,返回到等待中断的 while(1)语句,等待下一次的中断。

例 6-2 P1 口接一个共阴极的 LED,用 LED 显示中断的次数。

```
#include <reg51.h>
char i;
code char tab[16] = {0x3F,0x06,0x5B,0x4F,0x66,0x6D,0x7D,0x07,
                     0x7F,0x6F,0x77,0x7C,0x39,0x5E,0x79,0x71};
int1( ) interrupt 2
{  i++;
   if(i>=16) i = 0;
   P1 = tab[i];
}

main( )
{  EA = 1;
   EX1 = 1;
   IT1 = 1;
   P1 = 0x3F;
```

　　　　while(1);　　　　　　　　　// 等待中断
　　}

6.4　综合项目演练：带应急信号处理的交通灯控制器的设计

1. 任务描述

十字路口交通灯是城市的一项重要的设施，它调节着城市的交通运行，使城市运行有规律，使市民的出行更加方便，它是保证交通安全和道路畅通的关键。当前，国内大多数城市均采用"自动"红绿交通灯，它具有固定的"红灯—绿灯"转换间隔，并自动切换。它们一般由"通行与禁止时间控制显示""红、黄、绿三色信号灯"和"方向指示灯"三部分组成。

本任务是设计一个十字路口交通灯控制器，具体要求如下：

（1）每个街口放置有红、绿、黄三种指示灯。

（2）按常规的交通灯控制规则共有五种通行状态：

初始状态 0：东西红灯、南北红灯，持续 X0 秒。

状态 1：南北绿灯通车，东西红灯，持续 X1 秒。

状态 2：南北绿灯闪 M 次（表示此时可以通行，提醒车辆和行人加快通行）转亮黄灯，持续 X2 秒，东西仍为红灯。

状态 3：东西绿灯通车，南北红灯，持续 X3 秒。

状态 4：东西绿灯闪 N 次（表示此时可以通行，提醒车辆和行人加快通行）转亮黄灯，持续 X4 秒，南北仍为红灯。

（3）状态 1～状态 4 循环运行。

（4）当有 120、119 等特种车辆通过时，系统自动转为特种车放行，其他车辆禁止状态。特种车辆通过 Y 秒钟后，系统自动恢复。

2. 任务分析

本项目主要是运用单片机来设计一个简单的由红、黄、绿三色信号灯组成的十字路口交通灯控制器。按照设计要求，要完成任务，则需要解决以下几个问题：① 单片机的选型；② 单片机与四个方向红、黄、绿三色信号灯接口电路的构建；③ 各路口交通灯时间的设定；④ 单片机与外部中断按键接口电路的构建。

单片机的选型同前面项目。单片机与四个方向红、黄、绿三色信号灯接口电路的构建，主要要看十字路口状态，十字路口详细平面图如图 6-6 所示。

本项目主要学习单片机外部中断的应用，可以考虑设计一个简单的十字路口交通灯控制器，即只考虑四个方向设红、黄、绿三色信号灯，分别用单片机 12 个端口连接。

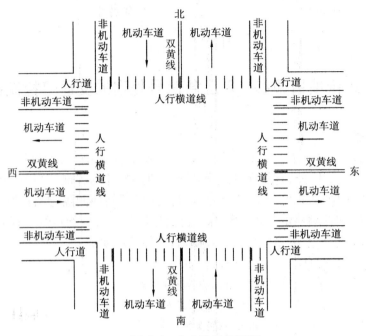

图 6-6 十字路口平面图

各路口交通灯时间的设定,首先必须根据交通路况实际规律,通过统计来计算出各路口所需要的合理时间,将固定时间值预先"固化"在单片机中,使城市的交通灯按照规定的时间和顺序运行。当然也可设定为随时可更改,但这样会增加编程的难度,且要提供对应的按键接口电路。

3. 任务实施

(1) 总体设计。

根据任务分析,十字路口交通灯可采用 AT89S51 单片机控制,需要 12 个 I/O 口控制东西南北四个方向的交通灯(红、黄、绿)。此外,根据设计要求,系统需要 1 个 I/O 口接入外部中断按键。系统结构图如图 6-7 所示。

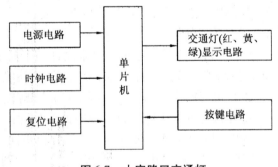

图 6-7 十字路口交通灯控制器的系统结构图

整个系统工作时,四个方向的交通灯分别由红色、绿色和黄色的 LED 灯显示。120、119 特种车辆的到来作为外部中断处理,系统中由独立按键来模拟。系统中各状态的时间采用软件延时实现。

(2) 硬件设计。

实现该任务的硬件电路中包含的主要元器件为:AT89S51 1片,红色、黄色和绿色发光二极管各 4 个,按键 1 个,电阻和电容等若干。东西向的三色(红、绿、黄)交通灯分别由 P2.0~P2.5 控制,南北向的三色交通灯由 P0.0~P0.5 控制,低电平点亮。模拟特种车的按键接至 P3.3 口,作为外部中断 1 处理。十字路口交通灯控制器的原理图如图 6-8 所示。

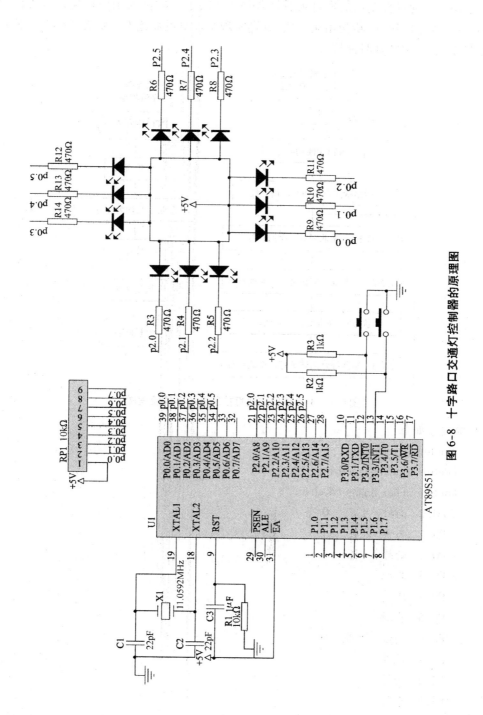

图 6-8 十字路口交通灯控制器的原理图

(3) 软件设计。

① 软件流程设计。

十字路口交通灯控制器的软件流程图如图 6-9 所示。软件采用模块化设计方法,模块说明如下:主程序模块、中断初始化模块、分别实现交通灯的状态 0 ~ 状态 4 的 5 个模块、外部中断服务模块、软件延时模块等。

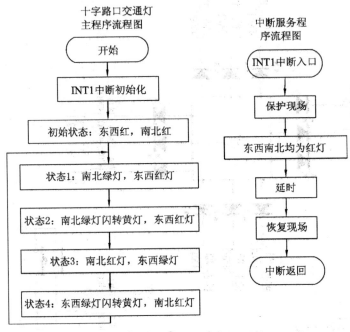

图 6-9 十字路口交通灯控制器的软件流程图

② 源程序如下:

```
#include <reg52.h>
#define uint unsigned int
#define uchar unsigned char
//P0.0 南红   1灭  0亮
//P0.1 南黄
//P0.2 南绿
//P0.3 北红
//P0.4 北黄
//P0.5 北绿
//P2.0 西红   1亮  0灭
//P2.1 西黄
//P2.2 西绿
//P2.3 东红
//P2.4 东黄
//P2.5 东绿
void DelayMS(uint x)                    //x ms 延时函数
```

```c
{   uchar t;
    while( x -- )
    {   for( t = 120;t > 0;t -- );
    }
}

//模块声明
void int1( );
void status0( );                            //初始状态(都是红灯)
void status1( );                            //南北绿灯,东西红灯
void status2( );                            //南北绿灯闪转黄灯,东西红灯
void status3( );                            //南北红灯,东西绿灯
void status4( );                            //南北红灯,东西绿灯闪转黄灯

//主程序
main( )
{   int1( );
    status0( );                             //初始状态(都是红灯)
    for( ;; )
    {   status1( );                         //南北绿灯,东西红灯
        status2( );                         //南北绿灯闪转黄灯,东西红灯
        status3( );                         //南北红灯,东西绿灯
        status4( );                         //南北红灯,东西绿灯闪转黄灯
    }
}

void int1( )                                //打开中断,外部中断 1 初始化
{   EA = 1;
    EX1 = 1;
    IT1 = 1;
}

//状态 0
void status0( )
{   P0 = 0xF6;                              //南北红
    P2 = 0xF6;                              //东西红
    DelayMS( 1000 );
}
```

```c
//状态1
void status1( )
{   P0 = 0xDB;                          //11011011  南北绿
    P2 = 0xF6;                          //11110110  东西红
    DelayMS(1000);
}

//状态2
void status2( )                         //东西红不变
{   int i;
    for(i = 0; i < 4; i ++ )
    {   P0 = 0xFF;                      //南北灭
        DelayMS(100);
        P0 = 0xDB;                      //南北绿
        DelayMS(100);
    }
    P0 = 0xED;                          //南北黄
    DelayMS(500);
}

//状态3
void status3( )
{   P0 = 0xF6;                          //南北红
    P2 = 0xDB;                          //东西绿
    DelayMS(1000);
}

//状态4
void status4( )                         //南北红不变
{   int i;
    for(i = 0; i < 4; i ++ )
    {   P2 = 0xFF;                      //东西灭
        DelayMS(100);
        P2 = 0xDB;                      //东西绿
        DelayMS(100);
    }
    P2 = 0xED;                          //东西黄
    DelayMS(500);
}
```

```
//中断处理,完成120、119等意外情况
void int_1(void) interrupt 2 using 1          //中断服务函数
{   unsigned char aa;
    aa = P0;
    P0 = 0xF6;                                //南北红
    P2 = 0xF6;                                //东西红
    DelayMS(1000);
    P0 = aa;
}
```

(4)虚拟仿真。

十字路口交通灯控制器的 Proteus 仿真硬件电路图如图 6-10 所示,在 Keil μVision3 与 Proteus 环境下完成仿真调试。观察调试结果如下:12 只 LED 灯分成东西向和南北向两组,各组指示灯均由两只相向的红色、黄色、绿色 LED 组成。无急救车到来时,交通灯按照正常规律进行切换与显示;有急救车到达时,东西向和南北向两组交通信号灯全变为红色,让急救车优先通过,其他车辆禁行。急救车辆通过 Y 秒钟后,系统自动恢复。调试结果若不符合设计要求,对硬件电路和软件进行检查重复调试。

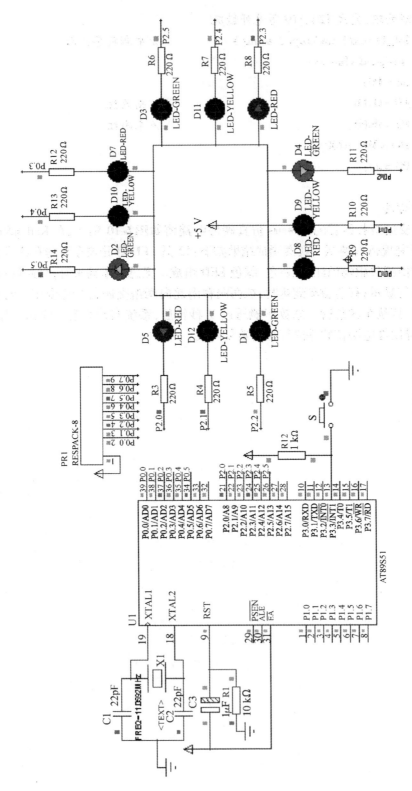

图 6-12 十字路口交通灯控制器的 Proteus 仿真硬件电路图

单元小结

（1）中断技术是实时控制中的常用技术,51 系列单片机有三个内部中断、二个外部中断,中断系统的功能包括中断优先级排队、实现中断嵌套、自动响应中断和实现中断返回。中断的特点是可以提高 CPU 的工作效率,实现实时处理和故障处理。

（2）单片机的中断系统主要由中断允许寄存器 IE、中断优先权寄存器 IP、定时控制寄存器 TCON、串行口控制寄存器 SCON 和硬件查询电路组成。TCON 用于控制定时器的启停,并保持 T0、T1 的溢出标志和外部中断 $\overline{INT0}$、$\overline{INT1}$ 的中断标志。SCON 的低 2 位用于存放串行口的两个中断请求标志 RI 和 TI。IE 用于控制 CPU 对中断的开放和屏蔽。IP 用于设定中断源的优先级别。必须在 CPU 开中断,即开全局中断开关 EA,并且开各中断源的中断开关,CPU 才能响应该中断源的中断请求。

（3）中断处理过程包括中断响应、中断处理和中断返回三个过程。中断响应是满足 CPU 的中断响应条件后,CPU 对中断源的中断请求的回答。由于设置了优先级,中断可以实现多级嵌套。中断处理就是执行中断服务程序。每个中断源有固定的中断服务程序的入口地址。当 CPU 响应中断以后单片机内部硬件保证它能自动地跳转到该地址。中断返回是指中断服务完成后,返回到原来执行的程序中。在返回前,要撤销中断请求,不同中断源的中断请求的撤销方法不一样。

习　题

一、单选题

1. 同一优先级,若外部中断 0、外部中断 1、定时/计数器 0、定时/计数器 1 同时向 CPU 发出中断请求,CPU 最先响应的是_____。

A. 外部中断 1　　　　　　　　B. 定时/计数器 0 中断

C. 定时/计数器 1 中断　　　　D. 外部中断 0

2. 下列_____不是 AT89S51 单片机响应中断的必要条件。

A. TCON 或 SCON 中的有关中断标志位为"1"

B. IE 中断允许寄存器内的有关中断标志位为"1"

C. IP 中断优先级寄存器内的有关位置为"1"

D. 当前一条指令执行完

3. 在 AT89S51 系统中,中断优先级寄存器是_____。

A. IE　　　　　B. IP　　　　　C. TMOD　　　　　D. TCON

4. 在 AT89S51 系统中,外部中断 0 的中断请求信号应该从_____脚引入。

A. P3.2　　　　B. P3.3　　　　C. P3.4　　　　　D. P3.5

5. 若所有的中断源同时发出中断请求,下列_____情况的中断优先顺序不能实现。

A. 外部中断 1 > 定时器 T0 中断 > 外部中断 0

B. 串行口中断 > 定时器 T0 中断 > 外部中断 1

C. 定时器 T0 中断 > 定时器 T1 中断 > 外部中断 0

D. 定时器 T0 中断 > 定时器 T1 中断 > 串行口中断

6. 若 IE = 84H, 则_____被允许。

   A. 外部中断 0   B. 外部中断 1   C. 定时器 0 中断   D. 定时器 1 中断

7. 要使 AT89S51 能够响应定时器 T1 中断、串行口中断, 它的中断允许寄存器 IE 的内部应是_____。

   A. 98H   B. 84H   C. 42H   D. 22H

8. 各中断源发出的中断请求信号都会标记在 AT89S51 系统中的_____。

   A. TMOD   B. TCON/SCON   C. IE   D. IP

9. 下面_____中断标志一定要用软件清除。

   A. IE0   B. IE1   C. TI   D. TF1

二、填空题

1. AT89S51 提供_____个中断源、_____个优先级。

2. AT89S51 五个中断源的入口地址为: 外部中断 0 为_____H, 外部中断 1 为_____H, 定时器 0 为_____H, 定时器 1 为_____H, 串行口为_____H。

3. 中断控制寄存器为_____, 定时/计数器的工作方式寄存器为_____, 中断优先级寄存器为_____。

4. 软件设定外部中断 0 为边沿触发时, 在程序中应加入_____指令。

5. AT89S51 单片机系列有_____个中断源。上电复位时同级中断的优先级别最高的是_____, 最低的是_____。

6. 已知 TCON = 38H, SCON = 02H, 则可以推断出有_____中断源请求中断。若五个中断源处于同一优先级, 当有中断申请信号时, CPU 最先响应_____, 最后响应_____。

7. 当外部中断 1 为边沿触发时, 高、低每个电平至少保持的时间是_____。

三、简答题

1. 什么叫中断? 什么叫中断系统? 什么叫中断嵌套? 什么叫中断服务程序? 中断有何作用?

2. 51 系列单片机各中断源的中断请求标志是什么? 存放在哪些寄存器的哪些位?

3. 51 系列单片机中各中断源的优先级如何设定? 自然优先级指什么?

4. 外部中断有哪两种触发方式? 对触发脉冲或电平有什么要求? 如何选择和设定?

5. 叙述 CPU 响应中断的条件和过程。

6. 单片机中各中断源的中断请求标志在 CPU 响应该中断后需要清除, 该如何清除? 不清除会出现什么后果?

7. 请写出 INT1 为负边沿触发且为高优先级的中断系统初始化程序。

8. 请写出 INT0 为低电平触发的中断系统初始化程序。

9. 请写出串行口中断为高优先级的中断系统初始化程序。

第7章 单片机定时/计数器的应用

学习目标

● 理解51系列单片机的定时/计数器的结构及工作原理,掌握定时/计数器的工作方式及定时/计数器初值的计算方法。

● 熟悉定时/计数器的程序设计方法,能将中断系统与定时/计数器综合应用,能对定时/计数器进行程序设计。

7.1 51系列单片机定时/计数器的结构与工作原理

单片机的定时/计数器的应用非常广泛,如定时采样、定时控制、时间测量、产生音响、产生脉冲波形、制作日历时钟等。利用计数特性可以检测信号波形的频率、周期、占空比,检测电机转速、工件的个数(通过光电器件将这些参数变成脉冲)等,因此它是单片机应用技术中的一项重要技术,应该好好掌握。

在51系列单片机(以AT89S51为例)的控制系统中,常用的定时方法有:软件定时、硬件定时和可编程定时器定时。软件定时就是通过执行一个循环程序来进行时间延迟,时间精确,不需要附加其他硬件电路。前面各项目中的延时子程序实现延时的方法即为软件定时。硬件定时是指定时由硬件电路实现,无须占用CPU时间。可编程定时器定时则是通过对系统时钟的计数来实现,其计数值通过程序设定,并且通过改变计数值来改变定时时间,比较方便,本节重点介绍51单片机内部的可编程定时器。

51单片机内部有两个16位的可编程定时/计数器,简称为定时器T0和定时器T1。这两个定时器均有两大功能,即定时与计数。每一种功能下又可单独设定为4种工作方式,不同的工作方式下,定时器的位数不同,从而所能实现的定时或计数的范围不同。定时/计数器的工作方式、定时时间和启停控制均可由程序来确定。

7.1.1 定时/计数器的结构

定时/计数器由两个16位的可编程定时/计数器、定时器方式寄存器TMOD和定时器控制寄存器TCON组成,这些寄存器之间通过内部总线和控制逻辑电路连接起来,基本结构如图7-1所示。其中,定时器T0和T1是16位加法计数器,分别由两个8位特殊功能寄存器组成:定时器 T0 由 TH0 与 TL0 组成,定时器 T1 由 TH1 与 TL1 组成。TH0 和 TH1 分别存放定时器 T0 和 T1 的定时/计数值的高 8 位,TL0 和 TL1 分别存放定时器 T0 和 T1 的定时/计数值的低 8 位,这些寄存器均可以单独访问。特殊功能寄存器 TMOD 主要用于设定定时器的工作方式等,TCON 主要用于定时器的启停和存放 T0、T1 的溢出中断标志。

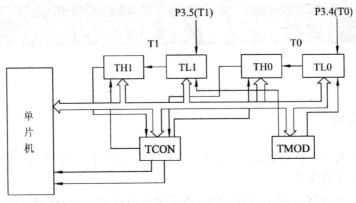

图 7-1 定时/计数器的结构

7.1.2 定时/计数器的工作原理

定时/计数器实质上是一个二进制加 1 计数器,其工作过程是对脉冲进行加 1 计数,来一个脉冲,计数器加 1,当计数器计满回零时能自动产生溢出中断请求,表示定时时间已到或计数已满。定时/计数器的定时和计数功能最主要的区别就是计数脉冲的来源不同。

- 定时方式:T0 或 T1 工作于定时方式下时,计数脉冲由内部的时钟振荡电路提供,每个机器周期使计数器的值加 1。实质上是对单片机的机器周期进行计数,计数的频率为振荡频率的 1/12。定时时间由计数器的初始值和选择的计数器长度决定。当计数器溢出时,计数值×间隔时间 = 定时时间。计数器的初始值称为时间常数,可见时间常数设定得越大,定时时间越短。

- 计数方式:T0 或 T1 工作于计数方式时,计数脉冲来自相应的外部输入引脚 P3.4 (T0)或 P3.5(T1),实质上是对外部事件计数。当输入信号产生 1 个下跳变时,计数器加 1,CPU 可随时读取计数器的当前值。为保证给出的电平在变化前至少被采样一次,外部脉冲的正、负电平的持续时间至少要各保持一个完整的机器周期。计数器的计数频率为振荡频率的 1/24。

在 TMOD 中,各有一个控制位($C/\overline{T}$),分别用于控制定时/计数器 T0 和 T1 是工作在定时器方式还是计数器方式。当设置了定时器的工作方式并启动定时器工作后,定时器就按被设定的工作方式独立工作,不再占用 CPU 的操作时间,只有在计数器计满溢出时才可能中断 CPU 当前的操作。

7.2 51系列单片机定时/计数器的控制

51系列单片机的定时/计数器的工作主要由定时器方式寄存器TMOD和定时器控制寄存器TCON这两个特殊功能寄存器控制,下面分别介绍这两个特殊功能寄存器。

1. 定时器方式寄存器 TMOD(89H)

不可位寻址。它是为定时器T0、定时器T1确定工作方式的寄存器,格式如下:

GATE	C/$\overline{\text{T}}$	M1	M0	GATE	C/$\overline{\text{T}}$	M1	M0
	T1				T0		

- GATE:门控位。置"1"时,只有当$\overline{\text{INTi}}$(i=0,1)为高电平且TRi位置"1"时才开放定时器"i",即是否开始计数,可由外部引脚控制。清"0"时,只要TRi位置"1"时就开放定时器"i"。
- C/$\overline{\text{T}}$:功能选择位。C/$\overline{\text{T}}$=0为定时方式,C/$\overline{\text{T}}$=1为计数方式。
- M1、M0:工作方式选择位。方式选择见表7-1。

表7-1 定时器工作方式选择

M1	M0	工作方式	最大计数值(模 M)	定时最长时间(f_{osc}为晶振频率)
0	0	方式0:13位定时/计数器	$M=2^{13}=8192$	$t=2^{13}\times 12/f_{osc}$
0	1	方式1:16位定时/计数器	$M=2^{16}=65536$	$t=2^{16}\times 12/f_{osc}$
1	0	方式2:自动再装入的8位定时/计数器	$M=2^8=256$	$t=2^8\times 12/f_{osc}$
1	1	方式3:T0分成两个8位定时/计数器,关闭T1		

2. 定时器控制寄存器 TCON(88H)

可以位寻址。TCON的作用是控制定时器的启动、停止,标志定时器的溢出和中断情况。格式如下:

TF1	TR1	TF0	TR0	IE1	IT1	IE0	IT0

TCON的低4位与外部中断有关,已在中断系统中介绍。高4位与定时器有关,现介绍如下:

- TRi(i=0,1):运行控制位。TRi=0,Ti停止工作;TRi=1,Ti开始工作。
- TFi(i=0,1):溢出中断标志。当定时/计数器Ti被允许计数后,Ti从初值开始加1计数,至最高位产生溢出时,TFi由硬件自动置位,既表示计数溢出,又表示请求中断。

7.3 51系列单片机定时/计数器的工作方式

由前述内容可知,通过对TMOD寄存器中M0、M1位进行设置,定时器可选择4种工作方式,下面逐一进行论述。

1. 方式0

方式0构成一个13位定时/计数器。图7-2是定时器0在方式0时的逻辑电路结构,定时器1的结构和操作与定时器0完全相同。

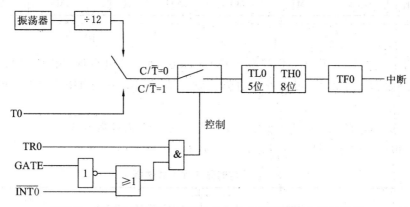

图7-2 定时器0(或定时器1)在方式0时的逻辑电路结构图

由图可知:16位加法计数器(TH0和TL0)只用了13位。其中,TH0占高8位,TL0占低5位(只用低5位,高3位未用)。当TL0低5位溢出时自动向TH0进位,而TH0溢出时向中断位TF0进位(硬件自动置位),并申请中断。

当$C/\overline{T}=0$时,多路开关连接12分频器输出,定时器0对机器周期计数,此时,定时器0为定时器。定时时间 = (M − T0初值) × 时钟周期 × 12 = (2^{13} − T0初值) × 时钟周期 × 12。

当$C/\overline{T}=1$时,多路开关与T0(P3.4)相连,外部计数脉冲由T0脚输入,当外部信号电平发生由1到0的负跳变时,计数器加1,此时,定时器0为计数器。

当GATE = 0时,或门被封锁,信号无效。或门输出为1,打开与门,TR0直接控制定时器0的启动和关闭。TR0 = 1,接通控制开关,定时器0从初值开始计数直至溢出。溢出时,计数器为0,TF0置位,并申请中断。如要循环计数,则定时器0需重置初值,且需用软件将TF0复位。

当GATE = 1时,与门的输出由输入电平$\overline{INT0}$和TR0位的状态来确定。若TR0 = 1,则与门打开,外部信号电平通过引脚直接开启或关断定时器0,当为高电平时,允许计数,否则停止计数;若TR0 = 0,则与门被封锁,控制开关被关断,停止计数。

2. 方式1

定时器工作于方式1时,其逻辑结构图如图7-3所示。

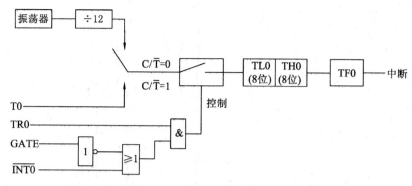

图 7-3 定时器 0(或定时器 1)在方式 1 时的逻辑结构图

由图可知,方式 1 构成一个 16 位定时/计数器,其结构与操作几乎完全与方式 0 相同,唯一差别是二者计数位数不同。作定时器用时,其定时时间 = (M − T0 初值) × 时钟周期 × 12 = (2^{16} − T0 初值) × 时钟周期 × 12。

3．方式 2

定时/计数器工作于方式 2 时,其逻辑结构图如图 7-4 所示。

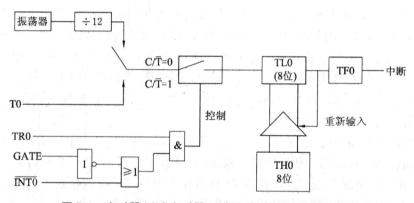

图 7-4 定时器 0(或定时器 1)在方式 2 时的逻辑结构图

由图可知,方式 2 中,16 位加法计数器的 TH0 和 TL0 具有不同功能,其中,TL0 是 8 位计数器,TH0 是重置初值的 8 位缓冲器。

方式 0 和方式 1 用于循环计数,在每次计满溢出后,计数器都复 0,要进行新一轮计数还需重置计数初值。这不仅导致编程麻烦,而且影响定时时间精度。方式 2 具有初值自动装入功能,避免了上述缺陷,适合用作较精确的定时脉冲信号发生器。其定时时间为(M − 定时器 0 初值) × 时钟周期 × 12 = (2^8 − 定时器 0 初值) × 时钟周期 × 12

方式 2 中 16 位加法计数器被分割为两个,TL0 用作 8 位计数器,TH0 用以保持初值。在程序初始化时,TL0 和 TH0 由软件赋予相同的初值。一旦 TL0 计数溢出,TF0 将被置位,同时,TH0 中的初值装入 TL0,从而进入新一轮计数,如此循环不止。

4．方式 3

定时/计数器工作于方式 3 时,其逻辑结构图如图 7-5 所示。

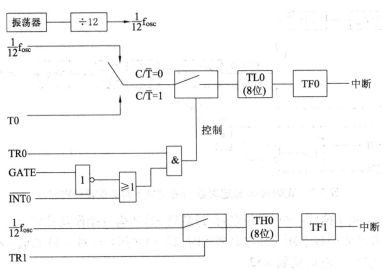

图 7-5　定时器 0 在方式 3 时的逻辑结构图

应注意：工作方式 3 仅使用于 T0，T1 无工作方式 3。在这种方式下，T0 被分解为两个独立的 8 位计数器 TL0 和 TH0。其中，TL0 占用原定时器 T0 的控制位、引脚和中断源，即 GATA、TR0、TF0、P3.4(T0)引脚和 P3.2($\overline{INT0}$)引脚。除计数位数不同于工作方式 0、工作方式 1 外，其功能、操作与工作方式 0 和 1 完全相同，可定时也可计数。TH0 则占用定时器 T1 的控制位 TF1 和 TR1，同时还占用了定时器 T1 的中断源，其启动和关闭只能受 TR1 控制。TH0 只能对机器周期计数，因此，TH0 只能用作简单的内部定时，不能对外部脉冲计数，是定时器 T0 附加的一个 8 位定时器。

如果定时/计数器 T0 工作于方式 3，那么定时/计数器 T1 的工作方式就不可避免地受到一定的限制，因为自己的一些控制位已被定时/计数器借用，只能工作在方式 0、方式 1 或方式 2 下。在这种情况下，定时/计数器 T1 通常作为串行口的波特率发生器使用，以确定串行通信的速率，因为 TF1 被定时/计数器 0 借用了，只能把计数溢出直接送给串行口。当作波特率发生器使用时，只需设置好工作方式，即可自动运行。如要停止它的工作，需送入一个把它设置为方式 3 的方式控制字即可，这是因为定时/计数器本身就不能工作在方式 3，如硬把它设置为方式 3，自然会停止工作。

7.4　51 系列单片机定时中断系统软件设计方法

定时/计数器是单片机应用系统中的重要部件，定时/计数器既可用作定时，亦可用作计数，而且其应用方式非常灵活；同时还可看出，软件定时不同于定时器定时。软件定时是对循环体内指令机器数进行计数，定时器定时是采用加法计数器直接对机器周期进行计数。二者工作机理不同，置初值方式也不同，相比之下定时器定时在方便程度上都高于软件定时。此外，软件定时在定时期间一直占用 CPU，而定时器定时如采用查询工作方式，一样占用 CPU，如采用中断工作方式，则在其定时期间 CPU 可处理其他指令，从而可以充分发挥定时/计数器的功能,大大提高 CPU 的效率。

通过下面实例可以看出,灵活应用定时/计数器可提高编程技巧,减轻 CPU 的负担,简化外围电路。定时器中断系统的程序设计主要涉及两个内容:① 定时器的初始化编程;② 定时器中断服务程序的编写。

7.4.1 定时/计数器的初始化

由于定时器是一种可编程部件,使用前应先确定它的工作方式、计数初值、启停操作等功能,也就是定时器的初始化。

1. 定时/计数器的初始化步骤

① 根据定时时间要求或计数要求计算计数器初值。
② 填写工作方式控制字送 TMOD 寄存器。
③ 送计数初值的高八位和低八位到 THi 和 TLi(i=0 或 1)寄存器中。
④ 启动定时(或计数),即将 TRi(i=0 或 1)置位。

注: 如果工作于中断方式,还需置位 EA(中断总开关)及 ETi(允许定时/计数器中断,i=0 或 1),并编写中断服务程序。

2. 定时/计数器计数初值的确定

定时/计数器计数初值的确定与两个因素有关。

① 功能:有定时和计数之分。
② 工作方式:有方式 0、1、2、3 之分。工作方式不同,其最大计数值 M 不同,定时器的最大定时时间也不一样。

- 定时功能下的初值:

$$X = M - N = M - (f_{osc} \times t)/12$$

式中,N = 定时时间/机器周期 = $(f_{osc} \times t)/12$;模式 0 时 M = 2^{13} = 8192,模式 1 时 M = 2^{16} = 65536,模式 2、模式 3 时 M = 2^8 = 256。

- 计数功能下的初值:

$$X = M - N$$

式中,N = 计数值;模式 0 时 M = 2^{13} = 8192,模式 1 时 M = 2^{16} = 65536,模式 2、模式 3 时 M = 2^8 = 256。

例 7-1 编写初始化程序,要求设置定时器 T1 为定时功能,定时 50ms,选择工作方式 1,允许中断,软启动(设晶振频率为 6MHz)。

解 定时初值为

$$X = M - (f_{osc} \times t)/12 = 65536 - (6 \times 50 \times 1000)/12 = 40536 = 0x9E58$$

初始化程序如下:

```
TMOD = 0x10;        //确定 T1 工作方式、功能及启动方式
TH1 = 0x9E;         //定时器初值高 8 位置入 TH1
TL1 = 0x58;         //定时器初值低 8 位置入 TL1
TR1 = 1;            //定时器启动
EA = 1;             //开总中断
ET1 = 1;            //开定时器 T1 中断
```

例7-2 编写定时器初始化程序,要求T1作定时器使用,工作于方式1,定时时间10ms;T0作计数器使用,工作于方式2,计数值为1,即外界发生一次事件就溢出(设晶体振荡频率为12MHz)。

解 先计算这两个定时器的初值。对于T1,工作于定时功能,方式1,其初值为

$$X = M - (f_{osc} \times t)/12 = 65536 - (12 \times 10 \times 1000)/12 = 55536 = 0xD8F0。$$

对于T0,工作于计数功能,方式2,其初值为

$$X = M - N = 256 - 1 = 255 = 0xFF$$

初始化程序如下:

```
TMOD = 0x16;
TH0 = 0xFF;
TL0 = 0xFF;
TH1 = 0xD8;
TL1 = 0xF0;
TR0 = 1;
TR1 = 1;
```

7.4.2 定时/计数器的应用

定时器的程序编写可以采用查询方式,也可以采用中断方式。下面通过实例学习两种不同的编程方法。

例7-3 P1中接有八个发光二极管,编程使八个管轮流点亮,每个管亮100ms。设晶振频率为6MHz。

分析: 可利用T1完成100ms的定时,当P1口线输出"1"时,发光二极管亮,每隔100ms,"1"左移一次,采用定时方式1。先计算计数初值:

$$MC(机器周期) = 12/f_{osc} = 2\mu s$$

$$初值 X = 2^{16} - 100ms/2\mu s = 0x3CB0$$

源程序如下:

① 查询方式。

```c
#include <reg51.h>
void main(void)
{   P1 = 0x01;              // 第一只LED亮
    TMOD = 0x10;            // 定时器1方式1
    TR1 = 1;                // 启动T/C0
    for(;;)
    {   TH1 = 0x3C;TL1 = 0xB0;  // 装载计数初值
        do{;} while(!TF1);       // 查询等待TF1置位
        P1 <<= 1;                // 定时时间到,下一只LED点亮
        TF1 = 0;                 // 软件清TF1
    }
}
```

② 中断方式。
```c
#include <reg51.h>
unsigned int count=0;
void time_p() interrupt 3            // 定时器中断服务函数
{   TH1 = -50000/256;                 // (100ms/2μs)重载计数初值-补码
    TL1 = -50000%256;
    if(count==60)
    {   count=0;
        P1<<=1;
        if(P1==0) P1=0x01;
    }
    else count++;
}


main()
{   TMOD=0x10;
    TH1 = -50000/256;                 // 计数初值-补码
    TL1 = -50000%256;
    ET1=1;
    EA=1;
    TR1=1;
    P1=0x01;
    while(1);
}
```

7.5 综合项目演练：电子秒表的设计

1. 任务描述

秒表是一种常用的测时仪器。本项目要求用单片机设计一个电子秒表，具体要求如下：
（1）采用2位LED数码管显示秒钟，显示格式为秒(十位、个位)。
（2）用按键作为外部中断源对该秒表进行控制，来一次中断信号，秒表计时开始，再来一次中断信号，秒表计时停止，再来一次中断信号，秒表计时显示清"0"。
（3）要求上电后显示00。

2. 任务分析

按照任务要求，电子秒表的核心控制电路由单片机完成。因此，电子秒表设计，需要解决以下几个问题：① 单片机的选型；② 单片机与2位LED数码管接口电路的构建；③ 单片机与2位LED数码管接口电路软件设计方法；④ 秒表控制按键的接入；⑤ 秒时基信号实现的方法。

单片机的选型同前面项目。

单片机与2位LED数码管接口电路的构建和软件设计：由于本项目仅需要2位LED数码管，数码管位数不是很多，既可以采用静态显示，也可以采用动态显示接口电路。因为在数码管位数较多场合，动态显示因其硬件成本较低，功耗少，适合长时间显示，因而得到广泛的应用。本项目的显示接口电路拟采用静态显示。

秒表控制按键的接入：由于控制秒表的按键只有一个，可从任一I/O口接入。按键电路简单，只要在编程时注意抖动和有效信号，在此不必过多考虑。

秒时基信号实现的方法：本项目秒时基信号可用单片机内部的可编程定时/计数器来实现，即由T0或T1产生毫秒级定时信号，再用软件编程的方法，实现秒信号。

3. 任务实施

（1）总体设计。

根据任务分析，电子秒表设计可采用AT89S51单片机控制，两个8位的I/O口用来控制数码管的段码。1个I/O口接按键电路，控制秒表的启动、停止和清"0"。系统结构图如图7-6所示。

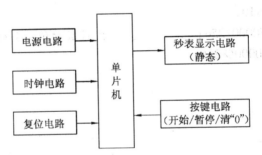

图7-6 电子秒表系统结构图

整个系统工作时，秒信号产生的是整个系统的时基信号，它直接决定计时系统的精度。本系统用单片机内部的可编程定时/计数器来产生50ms定时，定时中断20次实现标准秒信号。显示电路通过两个八段LED显示器将"秒"的值显示出来。

（2）硬件设计。

本项目采用的是共阴极的两个LED数码管分别显示秒的个位和十位，显示方式采用静态显示，所以每个数码管的阴极恒定接地，数码管的段码分别由P0口和P2口输出，两个LED显示彼此独立，互不影响。1个独立按键接至P3.7，实现对该秒表开始、暂停及清"0"操作。电子秒表的硬件电路原理图如图7-7所示。

实现该任务的硬件电路中包含的主要元器件为：AT89S51 1片、LED共阴数码管2个、按键1个、电阻和电容等若干。

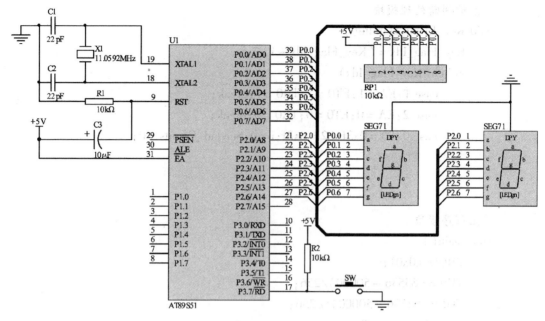

图 7-7　电子秒表的硬件电路原理图

(3) 软件设计。

① 软件流程设计。

电子秒表的软件流程图如图 7-8 所示。软件采用模块化设计方法,模块说明如下:主程序模块、定时器中断服务模块、软件延时模块、按键判断处理模块、LED 共阴数码管 0~9 显示字形常数表等。

② 源程序如下:

```
#include <reg52.h>
#define uchar unsigned char
#define uint unsigned int
sbit Key = P3^7;                    //按键端口定义
uchar i,Second_Counts,Key_Flag_Idx; //变量定义
uchar DSY_CODE[ ] =
{   0x3F,0x06,0x5B,0x4F,0x66,0x6D,0x7D,0x07,0x7F,0x6F
                                    //LED 共阴数码管 0~9 显示字形常数表
};

void DelayMS( uint ms)              //软件延时模块
{   uchar t;
    while( ms -- )
    { for( t = 0;t < 120;t ++ );
    }
}
```

```c
//按键判断处理模块
void Key_Event_Handle()
{   Key_Flag_Idx = (Key_Flag_Idx + 1)%3;
    switch(Key_Flag_Idx)
        {   case 1:EA = 1;ET0 = 1;TR0 = 1;break;
            case 2:EA = 0;ET0 = 0;TR0 = 0;break;
            case 0:P0 = 0x3f;P2 = 0x3f;i = 0;Second_Counts = 0;
        }
}

//主程序模块
void main()
{   TMOD = 0x01;
    TH0 = (65536 - 50000)/256;
    TL0 = (65536 - 50000)%256;
    Second_Counts = 0;
    P0 = DSY_CODE[Second_Counts/10];
    P2 = DSY_CODE[Second_Counts%10];
    while(1)
        {   if(!Key)
              {  DelayMS(10);
                 if(!Key)
                   {   while(!Key);
                       Key_Event_Handle();
                   }
              }
        }
}

void INT_T0() interrupt 1            //定时器中断服务模块
{   TH0 = (65536 - 50000)/256;
    TL0 = (65536 - 50000)%256;
    if(++i == 20)
       {   i = 0;
           ++Second_Counts;
           P0 = DSY_CODE[Second_Counts/10];
           P2 = DSY_CODE[Second_Counts%10];
           if(Second_Counts == 100) Second_Counts = 0;
       }
}
```

}

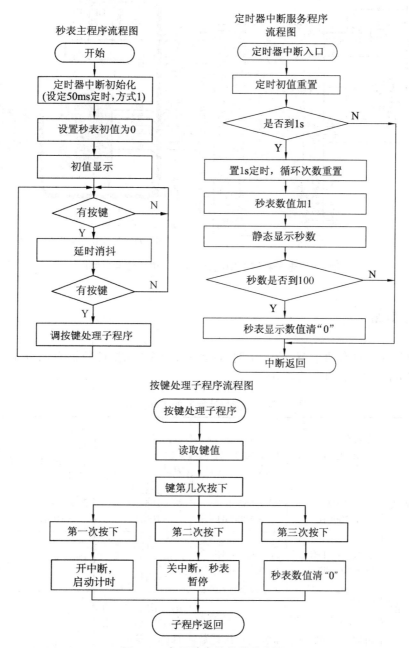

图 7-8　电子秒表的软件流程图

（4）虚拟仿真。

电子秒表的 Proteus 仿真硬件电路图如图 7-9 所示。上电后显示 00，按键第 1 次按下，秒表启动计时；按键第 2 次按下，秒表暂停计时；按键第 3 次按下，秒表清"0"。

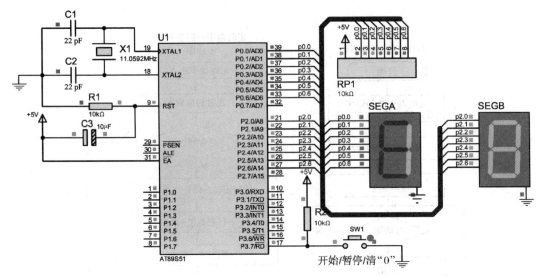

图 7-9　电子秒表控制电路 Proteus 仿真硬件电路图

单元小结

51 系列单片机具有两个 16 位的定时/计数器,每个定时/计数器有四种不同的工作方式,四种方式的特点归纳于表 7-2 中。

表 7-2　定时/计数器的工作方式

方　式	方式 0 13 位定时计数方式	方式 1 16 位定时计数方式	方式 2 8 位定时计数方式	方式 3 T0 为两个 8 位独立定时计数方式,T1 为无中断重装 8 位定时计数方式
模值即计数最大值	$2^{13}=8192$ $=2000H$	$2^{16}=65536$ $=10000H$	$2^{8}=256$ $=100H$	$2^{8}=256$ $=100H$
计数初值 C 的装入	高八位→THi 低五位→TLi	高八位→THi 低八位→TLi	THi 八位→ 　　TLi	同左
	每启动一次工作,需装入一次计数初值		第一次装入,启动工作后,每次 TLi 回零后,不用程序装入,由 THi 自动装入到 TL	同方式 0、1
应用场合（设 $f_{osc}=12MHz$）	用于定时时间 < 8.192ms,计数脉冲 < 8192 个的场合	用于定时时间 < 65.536ms,计数脉冲 < 65536 的场合	定时、计算范围小,不用重装时间常数,多用于串行通信的波特率发生器	TL0 定时、计数占用 TR0、TF0;TH0 定时,使用 T1 的 TR1、TF1,此时 T1 只能工作于方式 2,作波特率发生器

（1）使用定时/计数器要先进行初始化编程，就是写方式控制字 TMOD，置计数初值于 THi 和 TLi(i=0 或 1)，并启动工作(TRi 置"1")。如果工作于中断方式，还需开中断(EA 置"1"和 ETi 置"1")。由于 AT89S51 的定时/计数器是加 1 计数，输入的计数初值为负数，计算机的有符号数都是以补码表示的，在求补时，不同的工作方式其模值不同，且置 THi 和 TLi(i=0 或 1)的方式不同，这是应该注意的。

（2）定时和计数实质都是脉冲的计数，只是被计的脉冲的来源不同。定时方式的计数初值与被计脉冲的周期有关，而计数方式的计数初值只与被计脉冲的个数有关(计由高到低的边沿数)，在计算计数初值时应予以区分。无论是计数还是定时，当计满规定的脉冲个数，即计数初值回零时，会自动置位 TFi(i=0 或 1)，可以通过查询方式监视 TFi(i=0 或 1)，在允许中断情况下，定时/计数器自动进入中断。若采用查询方式，CPU 不能执行别的任务；若采用中断方式，可提高 CPU 的工作效率。

习 题

一、单选题

1. 下列对于单片机内部定时/计数器的说法正确的是_____。
A. 用作计数器时，即为对外部的脉冲进行计数，其为减计数
B. 用作计数器时，即为对外部的脉冲进行计数，其为加计数
C. 用作定时器时，实质是对内部的振荡脉冲进行计数
D. 以上说法都不对

2. 单片机的定时/计数器工作方式 1 是_____。
A. 8 位计数器结构　　　　　　B. 两个 8 位计数器结构
C. 13 位计数器结构　　　　　　D. 16 位计数器结构

3. 设定定时/计数器工作方式的特殊功能寄存器是_____。
A. TCON　　　B. PCON　　　C. SCON　　　D. TMOD

4. 定时器 T0 外部事件计数时，计数脉冲应由_____脚引入。
A. P3.2　　　B. P3.3　　　C. P3.4　　　D. P3.5

5. 定时器 T1 外部事件计数时，计数脉冲应由_____脚引入。
A. P3.2　　　B. P3.3　　　C. P3.4　　　D. P3.5

6. 定时/计数器 T0 如果以方式 0 工作，则是_____位计数器。
A. 13　　　B. 16　　　C. 8　　　D. 两个 8

7. 若用定时器计数 50000，可选用_____工作方式。
A. 方式 0　　　B. 方式 2　　　C. 方式 1　　　D. 方式 3

二、填空题

1. 设定 T1 工作在定时方式、模式 0，T0 工作在计数方式、模式 1，则 TMOD 的数值为_____。

2. 当 $f_{osc}=12\text{MHz}$，T1 工作在模式 0 时，最大可定时_____；工作在模式 1 时，最大可定时_____。

3. 当 $f_{osc}=6\text{MHz}$，T1 工作在模式 1 时，定时 100ms，则定时器的初值为_____。

4. 当寄存器 TMOD 的 GATE 位为"1"时,T1 的启动由_____和_____控制。

5. 内部定时/计数器作为定时器时,计数脉冲来自_____;作为计数器时,计数脉冲来自_____。

6. 单片机 AT89C51 内部有_____个_____位的定时/计数器,可设定的工作模式有_____种。

7. 已知 TMOD = 16H,则可以推断出定时/计数器 T0 的工作方式是_____,功能是(定时/计数)_____;定时/计数器 T1 的工作方式是_____,功能是(定时/计数)_____。

8. 单片机对 300 个外部事件计数,定时/计数器 T1 的模式可设置为_____或_____。

9. 单片机定时/计数器有四种工作方式,其中方式 0 为_____位,方式 1 为_____位。

10. 已知 51 系列单片机系统的晶振频率为 12MHz,当定时器工作在方式 2 时,要求每计满 250μs 便产生一次定时器溢出,请写出初值计算公式_____和要预置的初始值_____。

三、综合分析题

1. 简述 51 系列单片机定时/计数器四种工作方式的特点,如何选择和设定?

2. 51 系列单片机定时/计数器的定时功能和计数功能有什么不同?

3. 试设计定时器 T0,工作模式 1,定时时间为 20ms,允许中断的初始化程序(f_{osc} = 8MHz)。

4. 设 f_{osc} = 6MHz,用定时器 T1 实现定时在 P1.7 脚产生 200ms 的方波。

5. 设单片机的晶振频率为 12MHz,要求从 P1.0 脚产生一个周期为 30ms 的方波,且要求高电平持续 10ms,低电平持续 20ms。试分别用多种方法实现上述要求。

第 8 章 单片机串行口的应用

● 了解串行通信的基本概念和常用的串行通信总线标准;掌握51系列单片机串行接口的结构和工作原理。

● 掌握51系列单片机的串行通信的程序设计方法;能利用串行口实现单片机与单片机之间、单片机与PC间的数据通信,能完成串行通信的程序设计。

8.1 串行通信的基本知识

8.1.1 串行通信的概念

在计算机系统中,CPU 和外部通信有两种通信方式:并行通信和串行通信。并行通信,即数据的各位同时传送;串行通信,即数据一位一位顺序传送。图 8-1 为这两种通信方式的示意图。

(a) 并行通信　　　　　　(b) 串行通信

图 8-1　两种通信方式的示意图

并行通信的特点:各位数据同时传送,传送速度快、效率高。但有多少数据位就需要多少根数据线,因此传送成本高。在集成电路芯片内部、同一插件板上各部件之间、同一机箱内各插件板之间的数据传送都是并行的。并行数据传送的距离通常小于30m。

串行通信的特点:数据传送按位顺序进行,最少只需一根传输线即可完成,成本低,但速度慢。计算机与远程终端或终端与终端之间的数据传送通常都是串行的。串行数据传送的距离可以从几米到几千公里。

8.1.2 串行通信的分类

按照串行数据的时钟控制方式,串行通信可分为同步通信和异步通信两类。

1. 同步通信

在同步通信中,发送器和接收器由同一个时钟源控制;而在异步通信中,每传输一帧字符都必须加上起始位和停止位,占用了传输时间,若要求传送数据量较大,速度就会慢得多。同步传输方式去掉了这些起始位和停止位,只在传输数据块时先送出一个同步头(字符)标志即可,如图8-2所示。

图8-2 同步通信帧的格式

同步传输方式比异步传输方式速度快,这是它的优势。但同步传输方式也有缺点,即它必须要用一个时钟来协调收发器的工作,所以它的设备也较复杂。

2. 异步通信

在这种通信方式中,接收器和发送器有各自的时钟,它们的工作是非同步的。异步通信用一帧来表示一个字符,其内容是一个起始位,紧接着是若干个数据位,如图8-3所示。

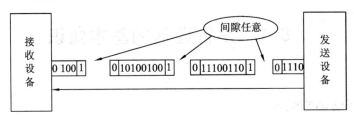

图8-3 异步通信示意图

在异步通信中,数据通常是以字符为单位组成字符帧传送的。字符帧由发送端一帧一帧地发送,每一帧数据低位在前,高位在后,通过传输线被接收端一帧一帧地接收。发送端和接收端可以由各自独立的时钟来控制数据的发送和接收,这两个时钟彼此独立,互不同步。在异步通信中,接收端是依靠字符帧格式来判断发送端是何时开始发送、何时结束发送的。字符帧和波特率(baud rate)是异步通信的两个重要指标。

(1)字符帧。

字符帧也叫数据帧,由起始位、数据位、奇偶校验位和停止位四部分组成,如图8-4所示。

- 起始位:位于字符帧开头,只占一位,为逻辑0低电平,用于向接收设备表示发送端开始发送一帧信息。
- 数据位:紧跟起始位之后,用户根据情况可取5位、6位、7位或8位,低位在前、高位在后。
- 奇偶校验位:位于数据位之后,仅占一位,用来表征串行通信中采用奇校验还是偶校验,由用户决定。
- 停止位:位于字符帧最后,为逻辑1高电平。通常可取1位、1.5位或2位,用于向接收端表示一帧字符信息已经发送完,也为发送下一帧做准备。

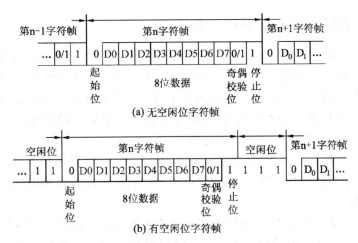

图 8-4 异步通信的字符帧格式

在串行通信中,两相邻字符帧之间可以没有空闲位,也可以有若干空闲位,这由用户来决定。图 8-4(b)表示有 3 个空闲位的字符帧格式。

(2) 波特率。

波特率为每秒钟传送二进制数码的位数,也叫比特数,单位为 bit/s 或 bps,即位/秒。波特率用于表征数据传输的速度,波特率越高,数据传输速度越快。但波特率和字符的实际传输速率不同,字符的实际传输速率是每秒内所传字符帧的帧数,和字符帧格式有关。

异步通信的优点是不需要传送同步时钟,字符帧长度不受限制,故设备简单。缺点是字符帧中因包含起始位和停止位,从而降低了有效数据的传输速率。

8.1.3 串行通信的传输方式

常用于串行通信的传输方式有单工、半双工、全双工和多工方式,如图 8-5 所示。

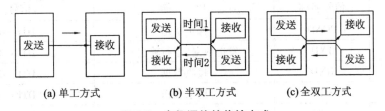

图 8-5 串行通信的传输方式

- 单工方式:数据仅按一个固定方向传送。因而这种传输方式的用途有限,常用于串行口的打印数据传输与简单系统间的数据采集。
- 半双工方式:数据可实现双向传送,但不能同时进行,实际的应用采用某种协议实现收/发开关转换。
- 全双工方式:允许双方同时进行数据双向传送,但一般全双工传输方式的线路和设备较复杂。
- 多工方式:以上三种传输方式都是用同一线路传输一种频率信号,为了充分地利用线路资源,可通过使用多路复用器或多路集线器,采用频分、时分或码分复用技术,即可实现在同一线路上资源共享功能。

8.1.4 串行通信接口标准 RS-232 接口

RS-232 是美国电子工业协会(EIA)于 1960 年发布的串行通信接口标准。RS 表示 EIA 的"推荐标准",232 为标准编号。如今它已经成为异步串行通信中应用最为广泛的通信标准之一。尽管近年来随着 USB 技术的成熟和发展,RS-232 串口的地位正逐步被 USB 接口协议取代,但在工业控制与嵌入式系统中,RS-232 接口以其低廉的实现价格,较长的通信距离,优异的抗干扰能力,仍占有十分大的比例。

RS-232C(1969 年版本)定义了数据终端设备(DTE)与数据通信设备(DCE)之间的物理接口标准。这个标准包括了按位串行传输的机械特性、功能特性和电气特性几方面内容。

1. 机械特性

RS-232C 接口规定使用 25 针连接器和 9 针连接器,连接器的尺寸及每个插针的排列位置都有明确的定义。在一般的应用中并不一定用到 RS-232C 标准的全部信号线,连接器引脚定义如图 8-6 所示。

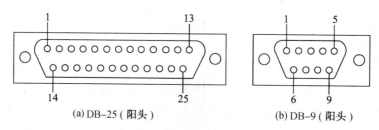

图 8-6 通信连接器引脚定义

2. 功能特性

RS-232C 标准接口主要引脚定义如表 8-1 所示。

表 8-1 RS-232C 标准接口主要引脚定义

插针序号	信号名称	功　　能	信号方向
1	PGND	保护接地	DTE→DCE
2(3)	TXD	发送数据(串行输出)	DTE←DCE
3(2)	RXD	接收数据	DTE→DCE
4(7)	RTS	请求发送	DTE←DCE
5(8)	CTS	允许发送	DTE←DCE
6(6)	DSR	DCE 就绪(数据建立就绪)	DTE←DCE
7(5)	SGND	信号接地	
8(1)	DCD	载波检测	DTE←DCE
20(4)	DTR	DTE 就绪(数据终端准备就绪)	DTE→DCE
22(9)	RI	振铃指示	DTE←DCE

注:在表 8-1 中,插针序号( )内为 9 针非标准连接器的引脚号。

3. 电气特性

RS-232C 采用负逻辑电平,规定 DC -3 ~ -15V 为逻辑 1,DC +3 ~ +15V 为逻辑 0。DC -3 ~ +3V 为过渡区,不做定义。

RS-232C 发送方和接收方之间的信号线采用多芯信号线,要求多芯信号线的总负载电容不能超过 250pF。通常 RS-232C 的传输距离为几十米,传输速率小于 20kbps。

4．过程特性

过程特性规定了信号之间的时序关系,以便正确地接收和发送数据。如果通信双方均具备 RS-232C 接口,则二者可以直接连接,不必考虑电平转换问题。但是对于单片机与计算机通过 RS-232C 的连接,则必须考虑电平转换问题,因为 51 系列单片机串行口不是标准 RS-232C 接口。

远程通信 RS-232C 总线连接方式如图 8-7 所示。

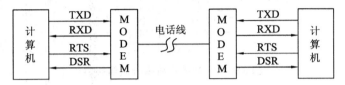

图 8-7 远程 RS-232C 通信连接方式

近程通信时(通信距离≤15m),可以不使用调制解调器。

5．RS-232C 电平与 TTL 电平转换驱动电路

如上所述,51 系列单片机串行接口与 PC 的 RS-232C 接口不能直接对接,必须进行电平转换,MAX232 芯片是 MAXIM 公司生产的,包含两路接收器和驱动器的 RS-232 转换芯片,芯片引脚及结构如图 8-8 所示,该芯片仅需要单一电源 +5V,片内有 2 个发送器、2 个接收器,使用比较方便。

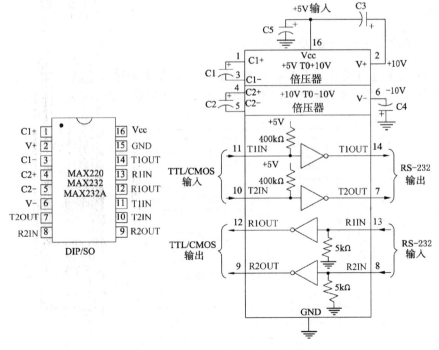

图 8-8 MAX232 芯片的引脚及结构图

PC 和单片机最简单的连接是零调制三线(即 RS-232 标准接口中的 RXD、TXD 和 GND)

经济型，这是进行全双工通信所必需的最少线路。MAX232 引脚 T1IN 或 T2IN 可以直接接 TTL/CMOS 电平的单片机的串行发送端 TXD；R1OUT 或 R2OUT 可以直接接 TTL/CMOS 电平的单片机的串行接收端 RXD；T1OUT 或 T2OUT 可以直接接 PC 的 RS-232 串行口的接收端 RXD；R1IN 或 R2IN 可以直接接 PC 的 RS-232 串行口的发送端 TXD，见图 8-9。

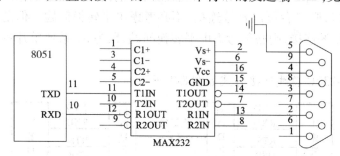

图 8-9　PC 和单片机串行通信接口

8.2　51 系列单片机的串行通信接口

51 系列单片机（以 AT89S51 为例）内部有一个可编程全双工串行通信接口，它具有 UART（通用异步接收/发送器）的全部功能，该接口不仅可以同时进行数据的接收和发送，也可做同步移位寄存器使用，其帧格式有 8 位、10 位和 11 位，并能设置各种波特率，在使用上灵活方便。

8.2.1　单片机的串行口及控制寄存器

串行口在结构上主要由串行口控制寄存器 SCON、发送和接收电路三部分组成，见图 8-10。与串行口有关的特殊功能寄存器有 SBUF、SCON、PCON，下面对它们分别详细讨论。

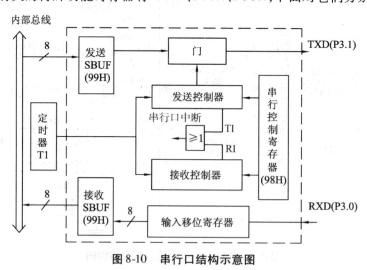

图 8-10　串行口结构示意图

（1）串行口数据缓冲器 SBUF(99H)：不可位寻址。

SBUF 是两个在物理上独立的接收、发送寄存器,一个用于存放接收到的数据,另一个用于存放欲发送的数据,可同时发送和接收数据。两个缓冲器共用一个地址 99H,通过对 SBUF 的读、写指令来区别是对接收缓冲器还是对发送缓冲器进行操作。CPU 在写 SBUF 时,就是修改发送缓冲器的内容;读 SBUF 时,就是读接收缓冲器的内容。接收或发送数据,是通过串行口对外的两条独立收发信号线 RXD(P3.0)、TXD(P3.1)来实现的,因此可以同时发送、接收数据,为全双工制式。

(2) 串行口控制寄存器 SCON(98H):可以位寻址。格式如下:

| SM0 | SM1 | SM2 | REN | TB8 | RB8 | TI | RI |

对各位的说明如下:

- SM0、SM1:串行方式选择位。其定义如表 8-2 所示。

表 8-2 串行方式选择

SM0	SM1	工作方式	功　能	波特率
0	0	方式 0	8 位同步移位寄存器	$f_{osc}/12$
0	1	方式 1	10 位 UART	可变
1	0	方式 2	11 位 UART	$f_{osc}/64$ 或 $f_{osc}/32$
1	1	方式 3	11 位 UART	可变

注:f_{osc} 是振荡器的频率,UART 为通用异步接收和发送器的英文缩写。

- SM2:多机通信控制位,用于方式 2 和方式 3 中。在方式 2 和方式 3 处于接收方式时,若 SM2 = 1,且接收到的第 9 位数据 RB8 为 0 时,不激活 RI;若 SM2 = 1,且 RB8 为 1 时,则置 RI 为"1"。在方式 2、3 处于接收或发送方式时,若 SM2 = 0,不论接收到的第 9 位 RB8 为 0 还是为 1,TI、RI 都以正常方式被激活。在方式 1 处于接收方式时,若 SM2 = 1,则只有收到有效的停止位后,RI 置"1"。在方式 0 中,SM2 应为 0。
- REN:允许串行接收位。由软件置位或清"0"。当 REN = 1 时,允许接收;当 REN = 0 时,禁止接收。
- TB8:发送数据的第 9 位。在方式 2 和方式 3 中,由软件置位或复位,可做奇偶校验位。在多机通信中,可作为区别地址帧或数据帧的标识位,一般约定地址帧时 TB8 为 1,数据帧时 TB8 为 0。
- RB8:接收数据的第 9 位。功能同 TB8。
- TI:发送中断标志位。在方式 0 中,发送完 8 位数据后,由硬件置位;在其他方式中,在发送停止位之初由硬件置位。因此,TI 是发送完一帧数据的标志。TI = 1 时,也可向 CPU 申请中断,响应中断后都必须由软件清除 TI。
- RI:接收中断标志位。在方式 0 中,接收完 8 位数据后,由硬件置位;在其他方式中,在接收停止位的中间由硬件置位。RI = 1 时,也可向 CPU 申请中断,响应中断后都必须由软件清除 RI。

(3) 电源及波特率选择寄存器 PCON(87H):不可位寻址。

PCON 主要是为 CHMOS 型单片机的电源控制而设置的专用寄存器,不可位寻址,字节

地址为 87H。在 HMOS 的 51 单片机中,PCON 除了最高位以外其他位都是虚设的。其格式如下:

| SMOD | × | × | × | GF1 | GF0 | PD | IDL |

与串行通信有关的只有 SMOD 位。SMOD 为波特率选择位。在方式 1、方式 2 和方式 3 下,串行通信的波特率与 SMOD 有关。当 SMOD = 1 时,通信波特率乘 2;当 SMOD = 0 时,波特率不变。其他各位用于电源管理。

8.2.2 串行口的工作方式

51 单片机的串行口有方式 0、方式 1、方式 2 和方式 3 四种工作方式。下面分别介绍。

1. 方式 0

当设定 SM1、SM0 为 00 时,串行口工作于方式 0,它又叫同步移位寄存器输出方式。在方式 0 下,数据从 RXD(P3.0)端串行输出或输入,同步信号从 TXD(P3.1)端输出,发送或接收的数据为 8 位,低位在前,高位在后,没有起始位和停止位。数据传输率固定为振荡器频率的 1/12,也就是每一机器周期传送一位数据。方式 0 可以外接移位寄存器,将串行口扩展为并行口,也可以外接同步输入/输出设备。执行任何一条以 SBUF 为目的的寄存器指令,就开始发送。

在串行口方式 0 下工作并非是一种同步通信方式。它的主要用途是和外部同步移位寄存器外接,以达到扩展并行 I/O 口的目的。

2. 方式 1

当设定 SM1、SM0 为 01 时,串行口工作于方式 1。方式 1 为数据传输率可变的 8 位异步通信方式,由 TXD 发送,RXD 接收,一帧数据为 10 位:1 位起始位(低电平)、8 位数据位(低位在前)和 1 位停止位(高电平)。数据传输率取决于定时器的溢出速率(1/溢出周期)和数据传输率是否加倍的选择位 SMOD。

对于有定时/计数器 2 的单片机,当 T2CON 寄存器中 RCLK 和 TCLK 置位时,用定时器 2 作为接收和发送的数据传输率发生器;当 RCLK = TCLK = 0 时,用定时器 1 作为接收和发送的数据传输率发生器。两者还可以交叉使用,即发送和接收采用不同的数据传输率。类似于模式 0,发送过程是由执行任何一条以 SBUF 为目的的寄存器指令引起的。

3. 方式 2

当设定 SM0、SM1 两位为 10 时,串行口工作于方式 2,此时串行口被定义为 9 位异步通信接口。采用这种方式可接收或发送 11 位数据,以 11 位为一帧,比方式 1 增加了一个数据位,其余相同。第 9 个数据即 D8 位用作奇偶校验或地址/数据选择,可以通过软件来控制它,再加特殊功能寄存器 SCON 中的 SM2 位的配合,可使 51 单片机串行口适用于多机通信。发送时,第 9 位数据为 TB8;接收时,第 9 位数据送入 RB8。方式 2 的数据传输率固定,只有两种选择,为振荡频率的 1/64 或 1/32,可由 PCON 的最高位选择。

4. 方式 3

当设定 SM0、SM1 两位为 11 时,串行口工作于方式 3。方式 3 与方式 2 类似,唯一的区别是方式 3 的数据传输率是可变的,而帧格式与方式 2 一样为 11 位一帧,所以方式 3 也适用于多机通信。

8.2.3 串行通信的波特率

在串行通信中,收发双方对传送的数据速率即波特率要有一定的约定。串行口每秒钟发送(或接收)的位数就是波特率。51 单片机的串行口通过编程可以有 4 种工作方式。其中方式 0 和方式 2 的波特率是固定的,方式 1 和方式 3 的波特率可变,由定时器 T1 的溢出率决定,下面加以具体分析。

- 方式 0 和方式 2:在方式 0 中,波特率为时钟频率的 1/12,即 $\frac{f_{osc}}{12}$,固定不变。在方式 2 中,波特率取决于 PCON 中的 SMOD 值,当 SMOD = 0 时,波特率为 $\frac{f_{osc}}{64}$;当 SMOD = 1 时,波特率为 $\frac{f_{osc}}{32}$,即波特率 = $\frac{2^{SMOD}}{64} \cdot f_{osc}$。

- 方式 1 和方式 3:在方式 1 和方式 3 下,波特率由定时器 T1 的溢出率和 SMOD 共同决定,即方式 1 和方式 3 的波特率 = $\frac{2^{SMOD}}{32} \cdot$ T1 溢出率。其中,T1 的溢出率取决于单片机定时器 T1 的计数速率和定时器的预置值。计数速率与 TMOD 寄存器中的 C/$\overline{T}$ 位有关,当 C/$\overline{T}$ = 0 时,计数速率为 $\frac{f_{osc}}{12}$;当 C/$\overline{T}$ = 1 时,计数速率为外部输入时钟频率。

实际上,当定时器 T1 做波特率发生器使用时,通常工作在模式 2,即自动重装载的 8 位定时器,此时 TL1 作计数用,自动重装载的值在 TH1 内。设计数的预置值(初始值)为 X,那么每过 256 - X 个机器周期,定时器溢出一次。为了避免溢出而产生不必要的中断,此时应禁止 T1 中断。溢出率为溢出周期的倒数,所以

$$T1 \text{ 溢出率} = \text{单位时间内溢出次数} = \frac{1}{T1 \text{ 的定时时间}} = \frac{1}{t}$$

而 T1 的定时时间 t 就是 T1 溢出一次所用的时间。在此情况下,一般设 T1 工作在模式 2(8 位自动重装载初值)。

$$N = 2^8 - \frac{t}{T}, \quad t = (2^8 - N) \times T = (2^8 - N) \times \frac{12}{f_{osc}}$$

$$T1 \text{ 溢出率} = \frac{1}{t} = \frac{f_{osc}}{12 \times (2^8 - N)}$$

$$\text{波特率} = \frac{2^{SMOD}}{32} \times \frac{f_{osc}}{12 \times (2^8 - N)}$$

其中,t 为定时时间,T 为机器周期,N 为初值(TH1)。

例 8-1 若已知波特率为 4800,则可求出 T1 的计数初值:

$$N = 256 - \frac{\frac{2^{SMOD}}{32} \times \frac{f_{osc}}{12}}{\text{波特率}} = 256 - \frac{\frac{1}{16} \times \frac{11.0592 \times 10^6}{12}}{4800}$$

$$= 256 - \frac{11.0592 \times 10^6}{16 \times 12 \times 4800} = 256 - 12 = 244 = 0xF4$$

表 8-3 列出了各种常用的波特率及获得办法。

表 8-3 定时器 T1 产生的常用波特率

串口模式	波特率/bps	f_{osc}/MHz	SMOD	定时器 T1		
				$C/\overline{T}$	模式	初始值
方式 0	1M	12	×	×	×	×
方式 2	375K	12	1	×	×	×
方式 1 或 方式 3	62.5K	12	1	0	2	0xFF
	19.2K	11.059	1	0	2	0xFD
	9.6K	11.059	0	0	2	0xFD
	4.8K	11.059	0	0	2	0xFA
	2.4K	11.059	0	0	2	0xF4
	1.2K	11.059	0	0	2	0xE8
	137.5K	11.986	0	0	2	0x1D
	110	6	0	0	2	0x72

8.2.4 串行口的初始化

串行口需初始化后,才能完成数据的输入、输出。其初始化过程如下:
- 按选定串行口的操作模式设定 SCON 的 SM0、SM1 两位二进制编码。
- 对于操作模式 2 或 3,应根据需要在 TB8 中写入待发送的第 9 位数据。
- 若选定的操作模式不是模式 0,还需设定接收/发送的波特率。设定 SMOD 的状态,以控制波特率是否加倍。若选定操作模式 1 或 3,则应对定时器 T1 进行初始化以设定其溢出率。
- 如果用到中断,还必须设定 IE 或 IP。

串行通信的编程有两种方式:查询方式和中断方式。值得注意的是,由于串行发送、接收标志硬件不能自动清除,所以,不管是中断方式还是查询方式,编程时都必须用软件方式清除 TI、RI。

8.3 综合项目演练:单片机与 PC 的通信

1. 任务描述

单片机在工业控制系统中已得到广泛的应用,它以价格低、功能全、体积小、抗干扰能力强、开发应用方便等特点已渗透到各个开发领域。特别是利用其能直接进行全双工通信的特点,在数据采集、智能仪表仪器、家用电器和过程控制中可作为智能前沿机。但由于单片机计算能力有限,难以进行复杂的数据处理,因此应用高性能的计算机对系统的所有智能前沿机进行管理和控制,已成为一种发展方向。在功能较复杂的控制系统中,通常以 PC 为主机,单片机为从机,由单片机完成数据的采集及对装置的控制,而由主机完成各种复杂的数据处理和对单片机的控制。所以计算机与单片机之间的数据通信越发显得重要。

本任务是设计一个单片机串行通信接口板,基本要求如下:
(1) 借助一个 Windows 下的串口调试软件,从 PC 向单片机发送字符。
(2) 当字符为 0~9 或 A~F 时单片机将会在数码管上显示相应的字符。
(3) 实现单片机与 PC 之间的串行通信。
(4) 要求上电后数码管上显示 0。

2. 任务分析

本设计主要采用了三线制连接串口。按照设计要求,完成该任务需要解决以下几个问题:① 单片机的选型;② 单片机与 PC 电平转换电路的构建;③ 单片机与 PC 串口通信软件(通信协议)的设计。

单片机的选型同前面项目。本任务的目的是充分利用单片机的串口资源与 PC 进行通信。51 单片机有一个全双工的串行通信口,所以单片机和计算机之间可以方便地进行串行口通信。但进行串行口通信时要满足一定的条件,比如计算机的串口是 RS-232 电平的,而单片机的串口是 TTL 电平的,两者之间必须有一个电平转换电路。在此,我们采用专用芯片 MAX232。PC 与单片机的接口电路如图 8-11 所示。

3. 任务实施

(1) 总体设计。

根据任务分析,单片机与 PC 机的串行通信接口设计可采用 AT89S51 单片机,需要 1 个通用异步接收和发送器 UART 用来发送和接收数据。由于 51 单片机输入、输出电平为 TTL 电平,而 PC 配置的是 RS-232C 标准接口,二者的电气规范不同,所以在设计中需要加电平转换电路。常用的有 MC1488、MC1489 和 MAX232,本任务电平转换采用 MAX232 芯片,与 PC 相连采用 9 芯标准插座。单片机与 PC 的串行通信接口系统结构图如图 8-11 所示。

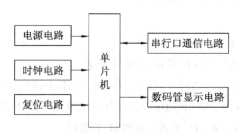

图 8-11 单片机与 PC 的串行通信接口系统结构图

主要采用 AT89S51 单片机来控制管理,整个系统工作时,单片机与 PC 实现点对点的串行通信。

(2) 硬件设计。

本任务采用的是点对点发射与接收,单片机与 PC 的串行通信接口原理图如图 8-12 所示。实现该任务的硬件电路中包含的主要元器件为:AT89S51 1 片、MAX232 1 片、LED 共阴数码管 1 个、11.0592MHz 晶振 1 个、电阻和电容等若干。

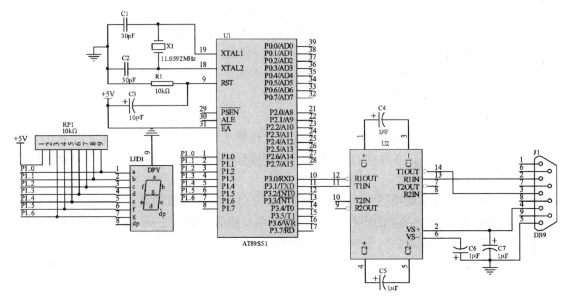

图 8-12 单片机与 PC 的串行通信接口原理图

(3) 软件设计。

(1) 软件流程设计。

单片机与 PC 的串行通信接口软件流程图如图 8-13 所示。

软件采用模块化设计方法,其中包括主程序模块、向串口发送一个字符模块、向串口发送一个字符串模块、串口接收中断模块、串口初始化模块、LED 共阴数码管 0~F 显示字形常数表。

源程序如下:

```c
#include <reg51.h>
//LED 共阴极数码管 0~F 显示字形常数表
code unsigned char seg[20] = {0x3F,0x06,0x5B,0x4F,0x66,0x6D,0x7D,0x07,
        0x7F,0x6F,0x77,0x7C,0x39,0x5E,0x79,0x71,0x73,0x00};
//cathode 0~9 、A~F 、P、黑屏,共阴极字型码


//串口初始化模块
void init_serialcomm(void)
{   SCON = 0x50;            //串行工作方式1,8位异步通信方式
    TMOD |= 0x20;           //定时器1,方式2,8位自动重装
    PCON |= 0x80;           //SMOD = 1,表示数据传输率加倍
    TH1 = 0xF4;             //数据传输率4800bps,f_osc = 11.0592MHz
    IE |= 0x90;             //允许串行中断
    TR1 = 1;                //启动定时器1
}
```

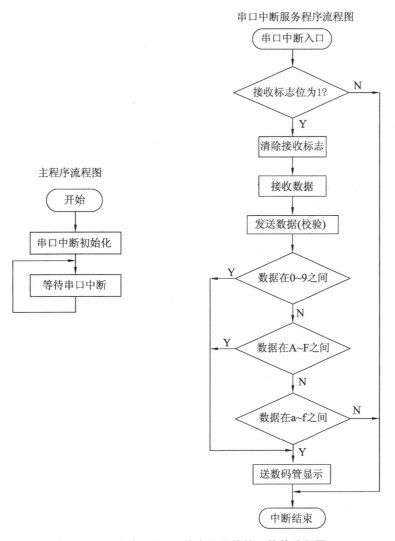

图 8-13 单片机与 PC 的串行通信接口软件流程图

```
//向串口发送一个字符模块
void send_char_com( unsigned char ch)
{   SBUF = ch;
    while( TI == 0) ;
    TI = 0;
}

//向串口发送一个字符串, string_length 为该字符串长度
void send_string( unsigned char * s, unsigned int string_length)
{   unsigned int i = 0;
    do
      {   send_char( * (s + i) );     //向串口发送一个字符
```

```c
            i++;
    }while(i<string_length);
}


//串口接收中断函数
void serial() interrupt 4 using 1
{   if(RI)                              //如果已经收到数据
    {   unsigned char ch;
        RI=0;                           //清接收中断标志
        ch=SBUF;                        //得到接收的数据
        send_char_com(ch);              //向串口发送字符串
        if((ch<=0x38 && ch>=0x31) || (ch<='F' && ch>='A') || (ch<=
        'f' && ch>='a'))
        {                               //判断是否为16进制的数字
            if(ch<=0x39 && ch>=0x30) ch &= 0x0f;
            else if(ch<='F' && ch>='A') ch=ch-0x40+9;
            else if(ch<='f' && ch>='a') ch=ch-0x60+9;
            P1=seg[ch];                 //显示数字
        }
        else P1=seg[0x10];              //显示 P
    }
}


//主程序模块
main()
{   init_serialcomm();                  //初始化串口
    while(1);                           //什么也不做，等待中断
}
```

(4) 虚拟仿真。

单片机与 PC 的串行通信接口板的 Proteus 仿真硬件电路图如图 8-14 所示，当字符为 0~9 或 A~F 时，数码管正常显示该输入字符，实现了单片机与 PC 之间的正常串行通信。

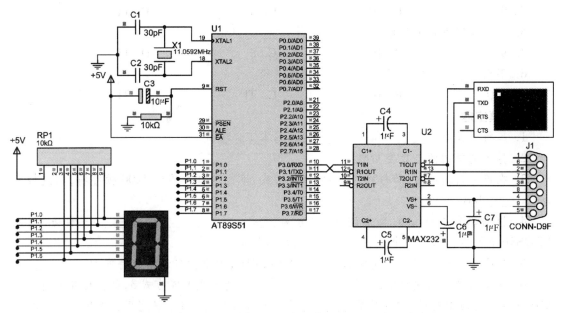

图 8-14　单片机与 PC 的串行通信接口板 Proteus 仿真硬件电路图

计算机通信主要有串行通信和并行通信两种方式,远距离通信通常采用串行通信方式,但需要增加电平、接口转换电路,如 RS-232C、RS485 接口等。

51 单片机内部有一个全双工的异步串行通信接口,共有四种工作方式;其数据帧格式有 10 位、11 位两种;方式 0 和方式 2 的通信波特率是固定的,方式 1 和方式 3 的波特率是可变的,由定时器 T1 的溢出率决定。

单片机之间可实现双机通信、多机通信并可与 PC 通信;利用 PC 与单片机可组成上位机、下位机通信网络。

通信软件可采用查询与中断两种方式编制,实际应用中常采用中断工作方式进行通信。

　习　题

一、单选题

1. AT89S51 串行口扩展并行 I/O 口时,串行口工作方式应选择_____。
　　A. 方式 0　　　　　B. 方式 1　　　　　C. 方式 2　　　　　D. 方式 3
2. AT89S51 系列单片机内部的串行口是个_____口。
　　A. 全双工　　　　　B. 半双工　　　　　C. 单工
3. AT89S51 系列单片机内部的串行口可以有四种工作方式,方式_____的波特率是 CPU 时钟频率的 $f_{osc}/12$?
　　A. 0　　　　　　　B. 2　　　　　　　C. 1　　　　　　　D. 3
4. 串行口以方式 0 工作时,帧的格式是_____位。

A. 9　　　　　B. 10　　　　　C. 8　　　　　D. 11

5. 串行口以方式1工作时,帧的格式是_____位。

A. 9　　　　　B. 10　　　　　C. 8　　　　　D. 11

6. 下列_____中断标志一定要用软件清除。

A. IE0　　　　B. IE1　　　　C. TI　　　　D. TF1

二、填空题

1. 串行通信有_____和_____两种基本工作方式。

2. 异步通信的两个重要指标是_____和_____。

3. 在单片机通信时,若每帧字符由10位组成,串行口每秒传送1200帧字符,则波特率为_____bps。

4. 根据串行口通信的数据流向,可分为_____、_____、_____三种方式,而AT89S51单片机内部有一个_____方式的串行接口。

5. 如果串行口工作于方式0,晶振频率f=12MHz,则串行口通信波特率为_____。

6. 在串行通信的编程中,如果串行口的工作方式是方式1或方式3,则需要在串行口的初始化程序编写中对定时/计数器_____进行初始化编程,用于确定串行通信的波特率。

7. 在方式0下,串行口做同步移位寄存器用,其波特率固定为$f_{osc}/12$。串行数据从_____端输入或输出,同步移位脉冲由_____送出。这种方式常用于_____。

8. AT89S51串行口的四种工作方式中,方式_____是波特率可变10位异步通信。

9. 按照串行数据的时钟控制方式,串行通信可分为_____和_____两类。

10. AT89S51内部有一个_____串行通信接口,它具有_____功能,该接口不仅可以同时进行数据的_____,也可做_____使用。

三、简答题

1. 什么叫串行通信?

2. UART是什么意思?

3. 什么叫单工、半双工、全双工?

4. 单片机的串行口工作用到哪些寄存器?作用分别是什么?

5. 单片机串行口有几种工作方式?

6. 如何设置单片机的串行口的波特率?

第9章 单片机输入/输出口的高级应用

学习目标

● 掌握单片机与 LED 数码管静态显示和动态显示接口电路的工作原理;掌握单片机与 LED 数码管静态显示和动态显示接口软件的编程方法和不同点。能够分别采用静态显示技术和动态显示技术实现单片机与 LED 数码管接口电路硬件设计和软件编程。

● 掌握按键工作原理(键盘的结构、按键识别方法、键盘编码、键盘扫描的工作方式、按键消抖的方法);掌握单片机与独立按键和行列矩阵按键接口电路的工作原理;掌握单片机与独立按键和行列矩阵按键接口软件的编程方法和不同点。能够分别采用独立按键技术和行列矩阵按键技术实现单片机与按键接口电路硬件设计和软件编程。

9.1 LED 数码管显示方式

LED 数码管在单片机系统中应用得非常广泛。LED 数码管有静态显示和动态显示两种显示方式。

9.1.1 静态显示与动态显示

1. 静态显示

所谓静态显示,是指数码管显示某一字符时,相应的发光二极管恒定导通或恒定截止。这种显示方式的各位数码管相互独立,公共端恒定接地(共阴极)或接正电源(共阳极)。每个数码管的 8 个字段分别与一个 8 位 I/O 口引脚相连,I/O 口只要有段码输出,相应字符即显示出来,并保持不变,直到 I/O 口输出新的段码。采用静态显示方式,较小的电流即可获得较高的亮度,且占用 CPU 时间少,编程简单,但其占用的口线多,硬件电路复杂,成本高,只适合于显示位数较少的场合。

静态显示的原理是信息通过锁存器保存,然后接到数码管上,这样一旦把显示的信息写到数码管上,在显示的过程中,处理器不需要干预,可以进入待机方式,只有数码管和锁存器在工作。

2. 动态显示

所谓动态显示,是指采用分时的方法,轮流控制各个显示器的 COM 端,使各个显示器轮流点亮。其接口电路是把所有显示器的 8 个笔画段 a~h 同名端连在一起,而每一个显示器的公共极 COM 各自独立地受 I/O 线控制,一位一位地轮流点亮各位显示器,对每一位显示器而言,每隔一段时间点亮一次。显示器的亮度跟导通的电流有关,也和点亮的时间与间隔的比例有关。因此,动态显示因其硬件成本较低,功耗少,适合长时间显示,因而得到广泛的应用。

在轮流点亮扫描过程中,每位显示器的点亮时间是极为短暂的(约 1ms),但由于人的视觉暂留现象及发光二极管的余辉效应,虽然这些字符是在不同的时刻分别显示,但由于人眼存在视觉暂留效应,只要每位显示器的显示间隔足够短,就可以给人一种同时显示一组稳定的显示数据的感觉,不会有闪烁感。

动态显示的原理是利用 CPU 控制显示的刷新,为了达到显示不闪烁,刷新的频率也有底限要求,可想而知,动态显示技术要消耗一定的 CPU 功耗。

3. 动态显示方式和静态显示方式的比较

静态显示方式数码管较亮,且显示程序占用 CPU 的时间较少,但其硬件电路复杂,占用单片机口线多,成本高;动态显示方式硬件电路相对简单,成本较低,但其数码管显示亮度偏低,且采用动态扫描方式,显示程序占用 CPU 的时间较多。具体应用时,应根据实际情况,选用合适的显示方式。

动态显示需要 CPU 控制显示的刷新,那么会消耗一定的功耗;静态显示的电路复杂,虽然电路消耗一定的功率,如果采用低功耗电路和高亮度显示器可以得到很低的功耗。

同样都是动态扫描显示,采用不断调用子程序的方式实现动态扫描显示,亮度相对较高,CPU 效率较低;采用定时器中断(20ms 中断一次)的方式实现动态扫描显示,亮度较低,CPU 效率相对较高。谁优谁劣,各有千秋。

针对数码管显示亮度偏低的情况,可采用提高扫描速度(如由 20ms 改为 10ms)或适当延长单只数码管导通的时间(如导通延时时间由 1ms 改为 2ms)等措施来弥补,但其带来的后果是显示程序占用 CPU 的时间更多,导致 CPU 利用率更加下降。

注意:① 点亮一个 LED 通常需要 10mA,通常选择限流电阻为 300Ω 左右。

② 在切至下一个显示器时,应把上一个显示器先关闭,再将下一个显示器扫描信号输出,以避免上一个显示数据显示到下一个显示器,形成鬼影。

③ 扫描时间必须高于视觉暂留频率(即频率 16Hz 以上,扫描周期 62ms 以下)。

在进行单片机应用系统设计时,究竟是采用静态显示还是采用动态显示,需要根据使用的电路进行计算,最终选择合适的方案。

9.1.2 51 系列单片机与 LED 数码管静态显示接口

1. 单片机端口直接驱动

静态显示要求每只数码管都有一个固定的电平驱动,也就意味着必须对每一个数码管的每一段都要用一个单片机端口或者一个数字电路的端口驱动。

在简单电路中,常见的形式有用单片机端口直接驱动数码管,但这种方式使用的单片机引脚多,端口的利用率低,一般在 1 只或 2 只数码管的时候使用。

2. 数字电路扩展单片机端口驱动

在数码管较多时,采用静态显示需要扩展单片机 I/O 端口。扩展的方式有采用组合逻辑电路和锁存器两大类。

静态显示电路中的组合逻辑电路都是采用 4~7 段译码器,单片机 I/O 端口控制译码器的输入端,译码器的输出端控制数码管,每只数码管对应需要 4 个单片机 I/O 端口。

采用锁存器的静态显示电路有很多,都是采用锁存器的输出端去控制数码管的字段电平,实现数字显示。具体电路有采用并行的锁存器如 74573、74273 等,以及串-并移位寄存器如 74595、74164 等。

由于每个数码管都有 7 段(或 8 段及更多段),需要锁存的数据多,在显示多位数字时硬件成本高,因而在实际应用中多位数字显示很少采用静态显示,而使用动态显示方式。

9.1.3 51 系列单片机与 LED 数码管动态显示接口

1. 动态显示电路

动态扫描显示接口是单片机应用中最为广泛的一种显示方式之一。其接口电路是把所有显示器的 8 个笔画段 a~h 同名端连在一起,而每一个显示器的公共极 COM 各自独立地受 I/O 线控制。CPU 向字段输出口送出字形码时,所有显示器接收到相同的字形码,但究竟是哪个显示器亮,则取决于 COM 端,而这一端是由 I/O 控制的,在程序中就可以根据显示顺序来决定显示的先后。

动态显示仅说明了数码管的连接方式和显示要求,但与单片机端口的连接方式有很多不同的形式,有使用单片机端口直接驱动、使用组合逻辑电路驱动、使用锁存器驱动以及使用专用动态显示驱动等形式,因而单片机驱动的动态显示电路有很多种,图 9-1 所示电路是常见的两种 8 位动态显示电路。

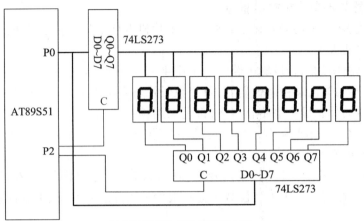

(a) 采用锁存器的动态扫描电路

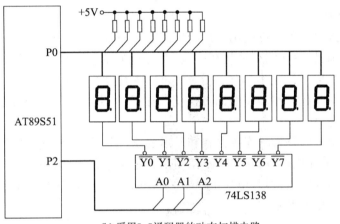

(b) 采用3-8译码器的动态扫描电路

图 9-1　常见动态显示电路

2．动态显示电路示例

（1）电路结构。

图 9-2 是一个由四只共阳极数码管组成的动态显示电路。LED1～LED4 分别存放 4 位显示器的显示数据，LED1 为低位。

电路中我们在 8 个笔画段 a～h 上采用限流电阻，公共端则由 PNP 型三极管 8550 控制，显然，如果 8550 导通，则相应的数码管亮；如果 8550 截止，则对应的数码管就不可能亮。8550 是由 P2.0、P2.1、P2.2、P2.3 控制的。这样我们就可以通过控制 P2.0、P2.1、P2.2、P2.3 达到控制某个数码管亮或灭的目的。

上面的电路，CPU 要不断地调用显示程序，才能保证稳定的显示。

第9章 单片机输入/输出口的高级应用

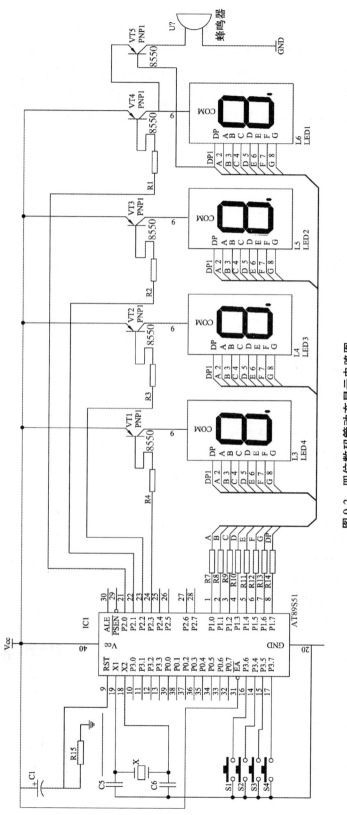

图 9-2 四位数码管动态显示电路图

（2）参考显示程序。

动态显示达到一定速度时,由于人眼的视觉暂留特性,在观察时,数码管所有内容如同静态显示一样,不会产生闪烁。所以,对动态扫描的频率有一定的要求,若频率太低,LED 数码管将出现闪烁现象;若频率太高,由于每个 LED 数码管点亮的时间太短,LED 数码管的亮度太低,无法看清。所以,显示时间一般取几个毫秒左右为宜。在编写程序时,常采用调用延时子程序来达到要求的保持时间。程序工作时,使电路选通某一位数码管后,该数码管被点亮后并保持一定的时间。

```
// 主函数
void main( )
{   Delay(3000);
    while(1)                              /* 无限循环 */
    {…
        Display( );                       /* 输出显示程序 */
     …
    }
}


// 延时子函数
void Delay(uint k)
{   uint i,j;
    for(i=0;i<k;i++)
        for(j=0;j<121;j++);
}


//输出显示程序
void Display( )
{       P2 = 0xFF;
        P1 = LED1;
        P2 = 0xF7;
        Delay(1);
        P2 = 0xFF;
        P1 = LED2;
        P2 = 0xFB;
        Delay(1);
        P2 = 0xFF;
        P1 = LED3;
        P2 = 0xFD;
        Delay(1);
        P2 = 0xFF;
```

```c
        P1 = LED4;
        P2 = 0xFE;
        Delay(1);
    }
```

该程序结构对大于 4 位的显示电路就不太实用,若只用 4 个数码管轮流显示 1ms 没有问题,实际工作中,当然不可能只显示 4 个数字,还要做其他事情,这样在二次调用显示程序之间的时间间隔就不一定了,如果时间间隔比较长,就会使显示不连续。实际工作中很难保证所有工作都能在很短时间内完成。况且每个数码管显示都要占用 1ms 的时间,这在很多场合是不允许的。我们可以借助于定时器,定时时间一到,产生中断,点亮一个数码管,然后马上返回,这个数码管就会一直亮到下一次定时时间到,而不用调用延时程序了,这段时间可以留给主程序干其他的事。到下一次定时时间到,则显示下一个数码管。参考程序结构如下所示:

```c
// 输出显示程序
void Display(int i)
    {   unsigned char aa;
        aa = 0xF7;
        P2 = 0xFF;
        P1 = LED[i];
        aa = aa >> i;
        aa = aa&0x0F;
        P2 = 0xF0|aa;
    }

// 主函数
void main( )
    {   Delay(3000);
        i = 0;
        init_timer( );                          /* 定时器 T0 初始化 */
        while(1);                               /* 无限循环 */
    }

// 定时器 1 中断服务子函数
void mb(void) interrupt 3
    {   TH1 = -(1000/256);
        TL1 = -(1000%256);
        Display(i);
        i ++;
        if(i>3)i = 0;
    }
```

从上面的程序可以看出,和静态显示相比,动态扫描的程序稍复杂。但该程序具有一定的通用性,只要改变端口的值及计数器的值,即可显示更多位数了。

9.2 键盘扫描

9.2.1 键盘的结构与工作原理

键盘是由一组规则排列的按键组成的,一个按键实际上是一个开关元件,也就是说,键盘是一组规则排列的开关。按键按照接口原理可分为全编码键盘与非编码键盘两类,这两类键盘的主要区别是识别键符及给出相应键码的方法不同。

全编码键盘能够由硬件逻辑自动提供与键对应的编码,一般还具有去抖动和多键、窜键保护电路,这种键盘使用方便,但需要较多的硬件,价格较贵,一般的单片机应用系统较少采用。

非编码键盘只简单地提供行和列的矩阵,其他工作均由软件完成。由于其经济实用,较多地应用于单片机系统中。本节将重点介绍非编码键盘接口。

1. 按键编码

一组按键或键盘都要通过I/O口查询按键的开关状态。根据键盘结构的不同,采用不同的编码。无论有无编码,以及采用什么编码,最后都要转换成为相对应的键值,以实现按键功能程序的跳转。

2. 编制键盘程序

一个完善的键盘控制程序应具备以下功能:

(1) 检测有无按键按下,并采取硬件或软件措施,消除键盘按键机械触点抖动的影响。

(2) 有可靠的逻辑处理办法。每次只处理一个按键,其间对任何按键的操作对系统不产生影响,且无论一次按键时间有多长,系统仅执行一次按键功能程序。

(3) 准确输出按键值(或键号),以满足跳转指令要求。

3. 键盘的控制方式

按键有独立式按键和矩阵式按键两种控制方式。

(1) 独立式按键。

所谓独立式按键,其原理是直接用I/O口线构成单个按键电路,其特点是每个按键单独占用一根I/O口线,每个按键的工作不会影响其他I/O口线的状态。独立式按键电路配置灵活,软件结构简单,但每个按键必须占用一根I/O口线,因此,在按键较多时,I/O口线浪费较大,不宜采用。

(2) 矩阵式按键。

所谓矩阵式按键,其原理是每条水平线和垂直线在交叉处不直接连通,而是通过一个按键加以连接。行线通过上拉电阻接到+5V上。当无键按下时,行线处于高电平状态;当有键按下时,行、列线将导通,此时,行线电平将由与此行线相连的列线电平决定,这是识别按键是否按下的关键。然而,矩阵键盘中的行线、列线和多个键相连,各按键按下与否均影响该键所在行线和列线的电平,各按键间将相互影响,因此,必须将行线、列线信号配合起来做适当处理,才能确定闭合键的位置。

系统设计时,采用独立式按键和矩阵式按键,需要根据使用的电路进行分析以选择合适的方案。下面分别加以叙述。

9.2.2 51系列单片机与独立按键键盘的接口

1. 独立式按键接口

单片机控制系统中,往往只需要几个功能键,此时,可采用独立式按键结构。独立式按键电路如图9-3所示。图中按键输入均采用低电平有效。此外,上拉电阻保证了按键断开时I/O口线有确定的高电平。当I/O口线内部有上拉电阻时,外电路可不接上拉电阻。

2. 独立式按键的识别

独立式按键软件常采用查询式结构。先逐位查询每根I/O口线的输入状态,如某一根I/O口线输入为低电平,则可确认该I/O口线所对应的按键已按下,然后再转向该键的功能处理程序。

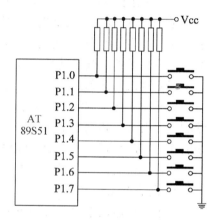

图9-3 独立式按键电路

9.2.3 51系列单片机与行列矩阵键盘的接口

1. 矩阵式按键接口

单片机系统中,若按键较多时,通常采用矩阵式(也称行列式)键盘。

(1) 矩阵式键盘的结构及原理。

矩阵式键盘由行线和列线组成,按键位于行、列线的交叉点上,其结构如图9-4所示。

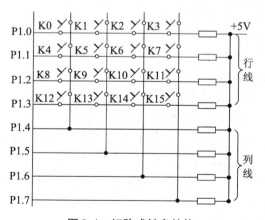

图9-4 矩阵式键盘结构

一个端口(如P1口)就可以构成4×4=16个按键,比直接将端口线用于键盘多出一倍,而且线数越多,区别越明显。比如再多加一条线就可以构成20键的键盘,而直接用端口线则只能多出一键(9键)。显然,在按键数量较多时,矩阵式键盘较之独立式按键键盘要节省很多I/O口。

(2) 矩阵式键盘按键的识别。

识别按键的方法很多,其中,最常见的方法是扫描法。下面说明扫描法识别按键的过程。

① 判断键盘中有无键按下,将全部行线置低电平,然后检测列线的状态。只要有一列的电平为低,则表示键盘中有键被按下,而且闭合的键位于低电平线与4根行线相交叉的4个按键之中。若所有列线均为高电平,则键盘中无键按下。

② 判断闭合键所在的位置 在确认有键按下后,即可进入确定具体闭合键的过程。其方法是:依次将行线置为低电平,即在置某根行线为低电平时,其他线为高电平。在确定某根行线位置为低电平后,再逐行检测各列线的电平状态。若某列为低,则该列线与置为低电平的行线交叉处的按键就是闭合的按键。

(3) 键盘的编码。

对于独立式按键键盘,因按键数量少,可根据实际需要灵活编码。对于矩阵式键盘,按键的位置由行号和列号唯一确定。可采用依次排列键号的方式对按键进行编码。以图9-4中的4×4键盘为例,可将键号编码为:01H、02H、03H…0EH、0FH、10H 等16个键号。编码的相互转换可通过计算或查表的方法实现。

2. 键盘的工作方式

在单片机应用系统中,键盘扫描只是 CPU 的工作内容之一。CPU 对键盘的响应取决于键盘的工作方式,键盘的工作方式应根据实际应用系统中 CPU 的工作状况而定,其选取的原则是既要保证 CPU 能及时响应按键操作,又不要过多占用 CPU 的工作时间。通常,键盘的工作方式有三种,即编程扫描、定时扫描和中断扫描。

(1) 编程扫描方式。

编程扫描方式是利用 CPU 完成其他工作的空余时间调用键盘扫描子程序来响应键盘输入的要求。在执行键功能程序时,CPU 不再响应键输入要求,直到 CPU 重新扫描键盘为止。键盘扫描程序一般应包括以下内容:

a. 判别有无键按下。

b. 键盘扫描取得闭合键的行、列值。

c. 用计算法或查表法得到键值。

d. 判断闭合键是否释放,如未释放则继续等待。

e. 保存闭合键键号,同时转去执行该闭合键的功能。

以如图9-4所示矩阵式键盘电路为例,单片机的 P1 口用作键盘 I/O 口,键盘的列线接到 P1 口的高4位,键盘的行线接到 P1 口的低4位。列线 P1.4~P1.7 分别接有4个上拉电阻到正电源 +5V,并把列线 P1.4~P1.7 设置为输入线,行线 P1.0~P1.3 设置为输出线。4根行线和4根列线形成16个相交点。

键盘扫描程序处理步骤如下:

a. 检测当前是否有键被按下。检测的方法是 P1.0~P1.3 输出全"0",读取 P1.4~P1.7 的状态,若 P1.4~P1.7 全为"1",则无键闭合,否则有键闭合。

b. 去除键抖动。当检测到有键按下后,延时一段时间再做下一步的检测判断。

c. 若有键被按下,应识别出是哪一个键闭合。方法是对键盘的行线进行扫描。P1.0~P1.3 按下述4种组合依次输出:

P1.3	P1.2	P1.1	P1.0
1	1	1	0
1	1	0	1
1	0	1	1
0	1	1	1

即依次将 P1.0~P1.3 行线置"0"后读取 P1.4~P1.7,若读出的各列线全为"1,这表示行线为"0"的这一行没有键闭合,否则有键闭合。由此得到闭合键的行值和列值,然后可采用计算法或查表法将闭合键的行值和列值转换成所定义的键值,为了保证键每闭合一次 CPU 仅作一次处理,必须消除键释放时的抖动。

键盘扫描程序流程图如图 9-5 所示。

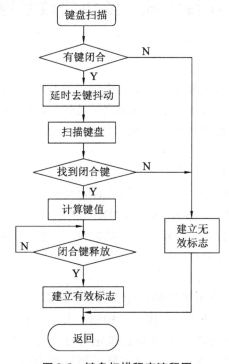

图 9-5 键盘扫描程序流程图

(2) 定时扫描方式。

定时扫描方式就是每隔一段时间对键盘扫描一次,它利用单片机内部的定时器产生一定时间(如 10ms)的定时,当定时时间到就产生定时器溢出中断,CPU 响应中断后对键盘进行扫描,并在有键按下时识别出该键,再执行该键的功能程序。定时扫描方式的硬件电路与编程扫描方式相同。

(3) 中断扫描方式。

采用上述两种键盘扫描方式时,无论是否按键,CPU 都要定时扫描键盘,而单片机应用系统工作时,并非经常需要键盘输入,因此,CPU 经常处于空扫描状态,为提高 CPU 工

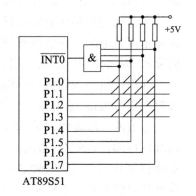

图 9-6 中断扫描键盘电路

作效率,可采用中断扫描方式。

中断扫描键盘电路如图9-6所示,该键盘是由单片机P1口的高、低字节构成的4×4键盘。键盘的列线与P1口的高4位相连,键盘的行线与P1口的低4位相连,因此,P1.4~P1.7是键输出线,P1.0~P1.3是扫描输入线。图中的4输入与门用于产生按键中断,其输入端与各列线相连,再通过上拉电阻接至+5V电源,输出端接至51单片机的外部中断输入端。具体工作过程如下:当键盘无键按下时,与门各输入端均为高电平,保持输出端为高电平;当有键按下时,端口为低电平,向CPU申请中断,若CPU开放外部中断,则会响应中断请求,CPU转去执行键盘扫描子程序,并识别键号。

9.3 综合项目演练:多功能数字电子钟的设计

1. 任务描述

所谓多功能数字电子钟,是指利用电子电路构成的计时器,在显示小时、分、秒的同时能对该钟进行调整。在此基础上,还能够借助按键实现时间调整、闹铃设置、关蜂鸣器等功能。相对机械钟而言,数字钟能准确计时。本项目的任务是设计一个多功能数字钟,具体要求如下:

(1) 时制式为24小时制。

(2) 采用8位LED数码管显示时、分、秒。时间显示格式为时(十位、个位)、分(十位、个位)、秒(十位、个位),用"-"分开,即HH-MM-SS。

(3) 能借助按键实现闹铃设置、定点报时功能设置、时间可调功能等。

(4) 要求上电后显示00-00-00。

2. 任务分析

按照要求完成多功能数字电子钟的设计任务,需要解决以下几个问题:① 单片机的选型;② 单片机与LED数码管动态显示接口的构建;③ 单片机与按键接口的构建;④ 单片机与按键接口电路软件设计方法。⑤ 系统标准定时时间的实现方法。

多功能数字电子钟设计是单片机键盘和显示器最常用的一个非常典型的综合应用案例,它综合了定时中断系统设计基础和人机界面接口设计基础。

单片机的选型同前面项目。本项目需要8位LED数码管,显示电路位数较多,采用动态显示接口电路。在数码管位数较多场合,动态显示因其硬件成本较低,功耗少,适合长时间显示,因而得到广泛的应用。

在单片机与按键接口电路的构建中,由于本项目至少需要0~9、时间调整、闹铃设置、关蜂鸣器等按键,故电路中按键较多,应采用行列矩阵按键技术连接。

系统的标准定时时钟,即定时时间计时器,同电子秒表项目。用软件实现,即用单片机内部的可编程定时/计数器来实现,有一定的误差,其主要用在对时间精度要求不高的场合。本项目也可用专门的时钟芯片实现,在对时间精度要求很高的情况下,通常采用这种方法,典型的时钟芯片有DS1302、DS12887、X1203等,都可以满足高精度的要求。

3．任务实施

（1）总体设计。

根据任务分析,多功能数字电子钟的设计可采用 AT89S51 单片机控制,需要 8 个 I/O 口控制数码管的段码,8 个 I/O 口控制数码管的位码。在设计中需要引入 4×4 行列矩阵按键电路,需要 8 个 I/O 口。系统结构图如图 9-7 所示。

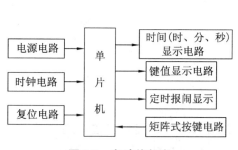

图 9-7　多功能数字
电子钟的系统结构图

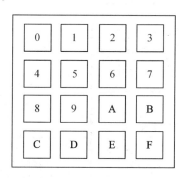

图 9-8　多功能数字电子钟的
4×4 行列矩阵按键控制面板

整个系统工作时,秒信号由定时器产生 50ms 定时,定时中断 20 次实现标准秒信号,每累计 60s,分加 1;每累计 60min,时加 1;采用 24 进制,可实现对一天 24 小时的累计。显示电路通过 8 个七段 LED 显示器将"时""分""秒"的值以 HH-MM-SS 形式显示出来,4×4 行列矩阵按键控制面板说明如图 9-8 所示。

（2）硬件设计。

本任务采用的是共阳极的 8 个 LED 数码管,要点亮某个数码管的某笔画,则相应的数码管阴极接低电平,相应笔画的阳极端加 +5V 电源。本方案 8 个数码管的阴极是相连的,所以阳极必须轮流有效,只要时间合理,在人的视觉误差范围内就会看到同时亮的结果。

实现该任务的硬件电路中包含的主要元器件为：AT89S51 1 片、74LS245 1 片、LED 共阳极数码管 8 个、共阴极数码管 1 个、按键 16 个、LED 发光二极管 2 个、电阻和电容等若干。多功能数字电子钟的原理图如图 9-9 所示。

（3）软件设计。

① 软件流程设计。

多功能数字电子钟的软件流程图如图 9-10 所示。软件采用模块化设计方法,模块说明如下：变量缓冲区定义模块、主程序模块、4×4 行列矩阵按键扫描模块、任务处理模块、缓冲区设置模块、动态扫描显示模块、定时中断计时模块、软件延时模块、LED 共阴极及共阳极数码管 0~F 显示字形常数表。

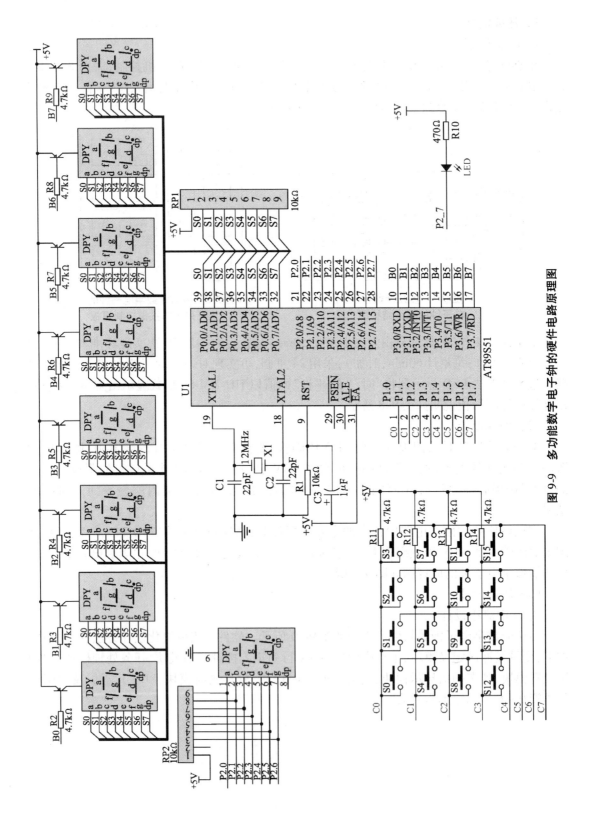

图 9-9 多功能数字电子钟的硬件电路原理图

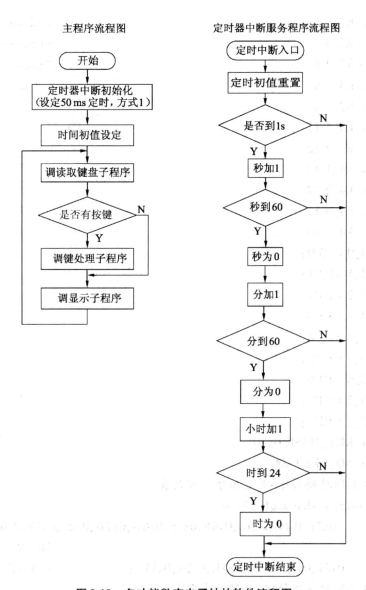

图 9-10　多功能数字电子钟的软件流程图

② 源程序如下：
// 变量预处理定义模块
```
#include <reg51.h>
#define uint unsigned int
#define uchar unsigned char
#define K1_1 1                        //second++
#define K1_2 2                        //minute++
#define K1_3 3                        //hour++
#define K1_4 4                        //clear
#define K2_1 5                        //second--
```

```c
#define K2_2 6                                  // minute --
#define K2_3 7                                  // hour --
#define K2_4 8                                  // pause
#define K3_1 9                                  // start
#define K3_2 10
#define K3_3 11
#define K3_4 12
#define K4_1 13
#define K4_2 14
#define K4_3 15
#define K4_4 16
sbit P3_0 = P3^0;
sbit P3_1 = P3^1;
sbit P3_2 = P3^2;
sbit P3_3 = P3^3;
sbit P3_4 = P3^4;
sbit P3_5 = P3^5;
sbit P3_6 = P3^6;
sbit P3_7 = P3^7;
sbit P2_7 = P2^7;
#define KEY_MASK 0xF0
#define NO_KEY 0x00
//LED 共阴数码管 0~F 显示字形常数表
code unsigned char seg1[17] =
        {0x3F,0x06,0x5B,0x4F,0x66,0x6D,0x7D,0x07,0x7F,0x6F,
                                                //0~9
        0x77,0x7C,0x39,0x5E,0x79,0x71};         // A~F
//LED 共阳极数码管 0~F 显示字形常数表
code unsigned char seg2[17] = {0xC0,0xF9,0xA4,0xB0,0x99,0x92,0x82,0xF8,
                0x80,0x90,0x88,0x83,0xC6,0xA1,0x86,0x8E};

//缓冲区设置和函数说明模块
unsigned char read_keyboard(void);
void display();
void process(uchar key);
unsigned int second;
unsigned int minute;
unsigned int hour;
unsigned char tcount;
```

```c
void DelayMS(uint x)                        //x ms 延时函数
{   uchar t;
    while(x--)
    {   for(t=120;t>0;t--);}
}

//定时中断初始化模块
void init_T0(void)
    {   TMOD=0x01;
        TH0=(65536-50000)/256;
        TL0=(65536-50000)%256;
        ET0=1;
        EA=1;
        TR0=1;
        tcount=0;
    }

//定时中断计时模块
void INT_T0(void) interrupt 1 using 2
{   TH0=(65536-50000)/256;
    TL0=(65536-50000)%256;
    tcount++;
    if(tcount==20)
    {   tcount=0;
        second++;
        if(second==60)
        {   second=0;
            minute++;
            if(minute==60)
            {   minute=0;
                hour++;
                if(hour==24)
                {   hour=0;}
            }
        }
    }
    if(second==seconda && minute==minutea && hour==houra) P2_7=0;
    else if(second==secondb && minute==minuteb && hour==hourb) P2_7=1;
```

}   /* 判断是否到闹钟时间 */

//4×4行列矩阵按键扫描模块
```c
unsigned char read_keyboard( )
{   static unsigned char key_state = 0;
    static unsigned char key_value, key_line;
    static unsigned char key_return = NO_KEY;
    unsigned char i, key_returnE = NO_KEY;
    switch( key_state )
    {   case 0:
        key_line = 0xFE;                        //0b00001110;
        for( i = 1; i <= 4; i++ )               //按键扫描
        {   P1 = key_line;                      //输出行线电平
            P1 = key_line;                      //输出两次
            DelayMS(1);
            key_value = KEY_MASK & P1;          //读列电平
            if( key_value == KEY_MASK )
            {   key_line <<= 1;                 //没有按键,继续扫描
                display( );
                key_line |= 0x01;
                DelayMS(2);
            }
            else
            {   DelayMS(1);
                key_value = KEY_MASK & P1;      //读列电平
                if( key_value == KEY_MASK )
                {   key_line <<= 1;             //没有按键,继续扫描
                    key_line |= 0x01;
                    break;
                }
                else key_state ++;              //有键按下,停止扫描
                break;                          //转消抖确认状态
            }
        }
        break;
    case 1:
        {   key_value = key_line & 0x0F | key_value;
            switch( key_value )                 //确认按键
```

```c
        case 0xEE:          //0b 1110 1110：P1.4 与 P1.0 组合的键
            key_return = K1_1;
            break;
        case 0xDE:          //0b 11011110：P1.5 与 P1.0 组合的键
            key_return = K1_2;
            break;
        case 0xBE:          //0b 10111110：P1.6 与 P1.0 组合的键
            key_return = K1_3;
            break;
        case 0x7E:          //0b 01111110：P1.7 与 P1.0 组合的键
            key_return = K1_4;
            break;
        case 0xED:          //0b 11101101：P1.4 与 P1.1 组合的键
            key_return = K2_1;
            break;
        case 0xDD:          //0b 1101 1101：P1.5 与 P1.1 组合的键
            key_return = K2_2;
            break;
        case 0xBD:          //0b 1011 1101：P1.6 与 P1.1 组合的键
            key_return = K2_3;
            break;
        case 0x7D:          //0b 0111 1101：P1.7 与 P1.1 组合的键
            key_return = K2_4;
            break;
        case 0xEB:          //0b 1110 1011：P1.4 与 P1.2 组合的键
            key_return = K3_1;
            break;
        case 0xDB:          //0b 1101 1011：P1.5 与 P1.2 组合的键
            key_return = K3_2;
            break;
        case 0xBB:          //0b 1011 1011：P1.6 与 P1.2 组合的键
            key_return = K3_3;
            break;
        case 0x7B:          //0b 0111 1011：P1.7 与 P1.2 组合的键
            key_return = K3_4;
            break;
        case 0xE7:          //0b 1110 0111：P1.4 与 P1.3 组合的键
            key_return = K4_1;
            break;
```

```c
                    case 0xD7:              //0b 1101 0111:P1.5 与 P1.3 组合的键
                        key_return = K4_2;
                        break;
                    case 0xB7:              //0b 1011 0111:P1.6 与 P1.3 组合的键
                        key_return = K4_3;
                        break;
                    case 0x77:              //0b 0111 0111:P1.7 与 P1.3 组合的键
                        key_return = K4_4;
                        break;
                }
                key_state ++ ;              //转入按键释放状态
            }
            break;
        case 2:                             //等待按键释放
            P1 = 0xF0;                      //行线全部输出低电平
            P1 = 0xF0;
            P2 = seg1[key_return - 1]|0x80;//显示键值
            if((KEY_MASK & P1) == KEY_MASK)
            {   key_returnE = key_return;
                key_state = 0;              //列线全部为高电平,返回状态0
            }
            break;
    }
    return(key_returnE);
}


//动态扫描显示模块
void display()
{   P0 = seg[(second%10)];
    P3_7 = 0;
    DelayMS(5);
    P3_7 = 1;
    DelayMS(1);
    P0 = seg[(second/10)];
    P3_6 = 0;
    DelayMS(5);
    P3_6 = 1;
    DelayMS(1);
    P0 = 0xBF;
```

```
        P3_5 = 0;
        DelayMS(5);
        P3_5 = 1;
        DelayMS(1);
        P0 = seg[(minute%10)];
        P3_4 = 0;
        DelayMS(5);
        P3_4 = 1;
        DelayMS(1);
        P0 = seg[(minute/10)];
        P3_3 = 0;
        DelayMS(5);
        P3_3 = 1;
        DelayMS(1);
        P0 = 0xBF;
        P3_2 = 0;
        DelayMS(5);
        P3_2 = 1;
        DelayMS(1);
        P3_1 = 0;
        P0 = seg[(hour%10)];
        DelayMS(5);
        P3_1 = 1;
        DelayMS(1);
        P3_0 = 0;
        P0 = seg[(hour/10)];
        DelayMS(5);
        P3_0 = 1;
}

//任务处理模块
void process(uchar key)
{   switch(key)
    {   case 1:     second ++ ;                         //秒 +1
                    if(second == 60) second = 0;
                    break;
        case 2:     minute ++ ;                         //分 +1
                    if(minute == 60) minute = 0;
                    break;
```

```c
        case 3:     hour ++ ;                           //时 +1
                    if( hour == 24) hour = 0;
                    break;
        case 4:     second = 0; minute = 0; hour = 0;   //时、分、秒清"0"
                    break; //clear
        case 5:     second -- ;                         //秒 -1
                    if( second == -1) second = 59;
                    break;
        case 6:     minute -- ;                         //分 -1
                    if( minute == -1) minute = 59;
                    break;
        case 7:     hour -- ;                           //时 -1
                    if( hour == -1) hour = 23;
                    break;
        case 8:     TR0 = 0;                            //转停
                    break;
        case 9:     TR0 = 1;                            //启动
                    break;
        }
    }

//主程序模块
void main( )
{   uchar key;
    init_T0( );
    second = 0, minute = 0, hour = 0;           //电子钟初始值设定
    seconda = 30, minutea = 0, houra = 0;       //闹铃时刻确定
    secondb = 40, minuteb = 0, hourb = 0;       //闹铃停闹时刻确定
    P0 = 0xFF; P3 = 0xFF; P2 = 0x80;
    for(;;)
    {   if( ( key = read_keyboard( ) ) ! = NO_KEY) process(key);
        display( );
    }
}
```

(4) 虚拟仿真。

多功能数字电子钟 Proteus 仿真硬件电路图如图 9-11 所示。正常的运行结果是:按下启动键 K9,电子钟开始工作,8 位共阳极数码管将从 00-00-00 开始显示时间,时制为 24 小时制,时间显示格式为时(十位、个位)、分(十位、个位)、秒(十位、个位),即 HH-MM-SS。在电子钟工作过程中,按下 K4 键,显示值可被清"0"。按下 K8 键,计时暂停。K1～K3、

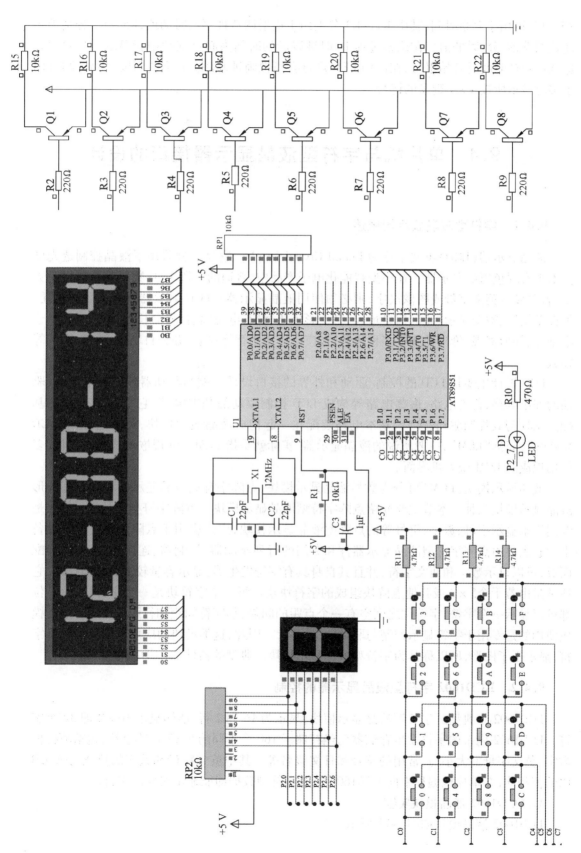

图 9-11 多功能数字电子钟的仿真电路原理图

K5～K7 可用于调整时间,其中 K1～K3 分别用于递增调整秒、分、时的值,K5～K7 分别用于递减调整秒、分、时的值。在调整过程中,时钟以新的时间为起点继续刷新显示。当时间到达预设闹钟时间时开始报时,在此用 LED 灯点亮模拟闹钟起闹。1 位共阴极数码管则可用于实时显示所按 4×4 键盘的键号。

9.4 单片机与字符型液晶显示器接口的设计

9.4.1 字符型液晶显示器概述

液晶显示器(LCD)英文全称为 Liquid Crystal Display,它是一种采用了液晶控制透光度技术来实现色彩的显示器。在小型智能化电子产品中,普通的 7 段 LED 数码管只能显示数字,若要显示英文字母或图像汉字,则必须使用液晶显示器。LCD 显示器具有低压微功耗、平板型结构、被动显示、显示信息量大、易于彩色化、没有电磁辐射、寿命长等特点,具有易于小型化、外形美观、价格低廉等多种优势,被广泛应用于智能仪表、办公自动化、通信、军工等领域。

LCD 设计主要是 LCD 的控制/驱动和外界的接口设计。控制驱动器件的供电电路、驱动的偏压电路、背光电路、振荡电路等构成 LCD 控制驱动的基本电路,它是 LCD 显示的基础。LCD 与其控制驱动、接口、基本电路装配在一起构成液晶显示模块,英文名称叫"LCD Module",简称"LCM",一般所说的液晶显示器,实际就是指 LCM。常规嵌入式系统设计,多使用现成的 LCM 做人机界面。

液晶显示模块(LCM)可分为数显液晶显示模块、点阵字符型液晶显示模块和点阵图形液晶显示模块三种。本节主要介绍点阵字符型液晶显示模块。点阵字符型液晶显示模块是专门用来显示字母、数字、符号等的点阵型液晶显示模块,广泛应用于点阵字符类电子设备中。它主要由点阵字符型液晶显示器件和专用的行列驱动器、控制器、连接件、结构件装配而成,可以显示数字和西文字符,并且其自身具有字符发生器,显示容量较大,功能较多。它通常是由若干个 5×7 或其他点阵块组成的字符块集。每一个字符块是一个字符位,每一位都可以显示一个字符,字符位之间空有一个点距的间隔,起字符间距和行距的作用。这类模块使用的是专用于字符显示控制与驱动的 IC 芯片。因此,这类模块的应用范围仅局限于字符,显示不了图形,所以称其为字符型液晶显示模块。典型的器件如 LCD1602。

9.4.2 LCD1602 字符型液晶显示器的控制

LCD1602 是典型的字符型液晶显示模块,显示为 16 列 2 行,能够显示 16×2 即 32 个字符。LCD1602 内带的字符发生存储器已经存储了 160 个不同的 5×7 点阵字符,包括阿拉伯数字、英文字母的大小写、常用的符号和日文假名等。其中英文字母和数字的位置与 ASCII 码的值相同,在单片机编程中向 LCD1602 写入字符型数据即能显示对应的字符。

1. LCD1602 液晶模块实物

LCD1602 液晶模块如图 9-12 所示。

图9-12 1602液晶模块实物

2．LCD1602液晶的引脚

LCD1602液晶标准的16脚接口说明如表9-1所示。

表9-1 LCD1602的引脚说明

编号	符号	引脚说明	编号	符号	引脚说明
1	VSS	电源地	9	D2	Data I/O
2	VDD	电源正极	10	D3	Data I/O
3	VL	液晶显示偏压信号	11	D4	Data I/O
4	RS	数据/命令选择端(H/L)	12	D5	Data I/O
5	R/W	读/写选择端(H/L)	13	D6	Data I/O
6	EN	使能信号	14	D7	Data I/O
7	D0	Data I/O	15	BLA	背光源正极
8	D1	Data I/O	16	BLK	背光源负极

3．LCD1602的操作说明

（1）LCD1602的基本操作时序。

	输入	输出
读状态	RS = L, RW = H, EN = H	D0 ~ D7 = 状态字
写指令	RS = L, RW = H, D0 ~ D7 = 指令码, EN = 高脉冲	无
读数据	RS = H, RW = H, EN = H	D0 ~ D7 = 数据
写指令	RS = L, RW = H, D0 ~ D7 = 数据, EN = 高脉冲	无

（2）LCD1602的指令说明。

对LCD1602操作时，需要将操作的指令发给LCD1602，每条指令都是由8位二进制数组成的，下面就是指令的详细说明。

① 0011 1000：16×2显示，5×7点阵，8位数据接口（在器件复位时为4位接口）。

② 0000 0001：显示清屏，数据指针清"0"，所有显示清"0"。

③ 0000 0010：显示回车，数据指针清"0"。

④ 00001DCB：

  D = 1 开显示 D = 0 关显示

  C = 1 显示光标 C = 0 不显示光标

  B = 1 光标闪烁 B = 0 光标不显示

⑤ 000001NS：

  N = 1：当读或写一个字符后地址指针加一，且光标加一。

N = 0：当读或写一个字符后地址指针减一,且光标减一。

S = 1：当写一个字符,整屏显示左移(N = 1)或右移(N = 0),实现光标不移动而屏幕移动的效果。

S = 0：当写一个字符,整屏显示不移动。

⑥ 80H ~ A7H：设置数据地址指针(第一行)。

⑦ C0H ~ E7H：设置数据地址指针(第二行)。

4．LCD1602 的控制函数

```
//LCD1602 引脚定义
//采用8位并行方式,LCD1602的数据线 D0~D7 分别接单片机的 P0.0~P0.7
sbit RS = P1^0;                              //数据命令选择端
sbit RW = P1^1;
sbit CS = P1^2;                              //使能信号


//当前位置写命令函数
void Write_LCD_Command(uchar cmd)
{   LCD_RS = 0;
    LCD_RW = 0;
    LCD_EN = 0;
    _nop_();
    DataPort = cmd;
    delayNOP();
    LCD_EN = 1;
    delayNOP();
    LCD_EN = 0;
}


//当前位置写数据函数
void Write_LCD_Data(uchar dat)
{   LCD_RS = 1;
    LCD_RW = 0;
    LCD_EN = 0;
    DataPort = dat;
    delayNOP();
    LCD_EN = 1;
    delayNOP();
    LCD_EN = 0;
}


//置光标定位函数
```

```c
void Set_LCD_POS(uchar pos)
{   Write_LCD_Command(pos|0x80);
}

//LCD 初始化函数
void LCD_Initialise()
{   Write_LCD_Command(0x01);        // 显示清屏
    DelayXus(5);
    Write_LCD_Command(0x38);        // 显示模式设置(以后均检测忙信号)
    DelayXus(5);
    Write_LCD_Command(0x0c);        // 显示开及光标设置
    DelayXus(5);
    Write_LCD_Command(0x06);        // 显示光标移动设置
    DelayXus(5);
}
```

9.5 时钟芯片 DS1302

9.5.1 DS1302 芯片简介

DS1302 是由美国 DALLAS 公司推出的具有涓细电流充电能力的低功耗实时时钟芯片。它可以对年、月、日、周、时、分、秒进行计时,且具有闰年补偿等多种功能,可以通过配置 AM/PM 来决定采用的时间格式是 24 小时制还是 12 小时制。DS1302 采用串行数据传输方式,与单片机的连接仅需要三条线(SCLK、I/O 和 RST)。DS1302 采用主电源和后备电源双电源供电,同时提供了对后备电源进行涓细电流充电的能力。它广泛应用于电话传真、便携式仪器以及电池供电的仪器仪表等产品领域。

1. DS1302 的主要特性

- 实时时钟具有能计算秒、分、时、日、星期、月和年的能力和闰年调整的能力。
- 31×8 位暂存数据存储器 RAM。
- 串行 I/O 口方式,简单三线通信接口。
- 宽范围工作电压为 2.0 ~ 5.5V。
- 在 2.0V 时工作电流小于 300nA。
- 读/写时钟或 RAM 数据时有两种传送方式:单字节传送和多字节传送字符组方式。
- 8 脚 DIP 封装或 8 脚 SOIC 封装。
- 与 TTL 兼容,Vcc = 5V。
- 温度范围为 -40℃ ~ +85℃。

2. DS1302 的外形和引脚

时钟芯片 DS1302 的实物及引脚排列如图 9-13 所示,其引脚说明见表 9-2。

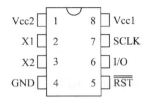

图 9-13 DS1302 的实物及引脚图

表 9-2 DS1302 引脚说明

引脚号	引脚名称	引脚功能	备注
2、3	X1、X2	外接晶振	外接 32.768kHz 的晶振
4	GND	地	
5	$\overline{RST}$	复位	
6	I/O	数据输入/输出	
7	SCLK	串行时钟	
1	Vcc2	主电源	在主电源关闭的情况下,通过备用电源能保持时钟的连续运行
8	Vcc1	备用电源	

3. DS1302 的控制字说明

DS1302 的控制字如图 9-14 所示。控制字节的最高有效位(位 7)必须是逻辑 1,如果它为 0,则不能把数据写入 DS1302 中。位 6 如果为 0,则表示存取日历时钟数据;位 6 如果为 1,表示存取 RAM 数据。位 5 至位 1 指示操作单元的地址。最低有效位(位 0)如为 0,表示要进行写操作;为 1,表示要进行读操作。控制字节总是从最低位开始输出。

7	6	5	4	3	2	1	0
1	RAM / $\overline{CK}$	A4	A3	A2	A1	A0	RAM / $\overline{K}$

图 9-14 DS1302 的控制字

4. DS1302 的复位

DS1302 通过把 RST 输入驱动置高电平来启动所有的数据传送。$\overline{RST}$ 输入有两种功能:首先,$\overline{RST}$ 接通控制逻辑,允许地址/命令序列送入移位寄存器;其次,$\overline{RST}$ 提供了终止单字节或多字节数据的传送手段。当 $\overline{RST}$ 为高电平时,所有的数据传送被初始化,允许对 DS1302 进行操作。如果在传送过程中置 $\overline{RST}$ 为低电平,则会终止此次数据的传送,并且 I/O 引脚变为高阻态。上电运行时,在 Vcc ≥ 2.5V 之前,$\overline{RST}$ 必须保持低电平。只有在 SCLK 为低电平时,才能将 RST 置为高电平。

5. DS1302 数据的输入/输出

在控制指令字输入后的下一个 SCLK 时钟的上升沿时,数据被写入 DS1302,数据输入从低位即位 0 开始。同样地,在紧跟 8 位的控制指令字后的下一个 SCLK 脉冲的下降沿读出 DS1302 的数据,读出数据时从低位 0 位至高位 7,数据读写时序如图 9-15 所示。

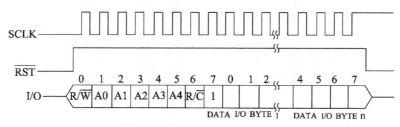

图 9-15　数据读写时序

6. 时钟芯片 DS1302 的寄存器

DS1302 共有 12 个寄存器,其中有 7 个寄存器与日历、时钟相关,存放的数据位为 BCD 码形式。其日历、时间寄存器及其控制字见表 9-3。

表 9-3　DS1302 的日历、时间寄存器及其控制字

寄存器名	命令字		取值范围	各位内容							
	写操作	读操作		7	6	5	4	3	2	1	0
秒寄存器	80H	81H	00~59	CH	10SEC			SEC			
分寄存器	82H	83H	00~59	0	10MIN			MIN			
时寄存器	84H	85H	01~12 或 00~23	12/24	0	$\frac{10}{AP}$	HR	HR			
日寄存器	86H	87H	01~28,29,30,31	0	0	10DATE		DATE			
月寄存器	88H	89H	01~12	0	0	0	10M	MONTH			
周寄存器	8AH	8BH	01~07	0	0	0	0	0			DAY
年寄存器	8CH	8DH	00~99	10 YEAR				YEAR			

此外,DS1302 还有控制寄存器、充电寄存器、时钟突发寄存器及与 RAM 相关的寄存器等。时钟突发寄存器可一次性顺序读写除充电寄存器外的所有寄存器内容。DS1302 与 RAM 相关的寄存器分为两类:一类是单个 RAM 单元,共 31 个,每个单元组态为一个 8 位的字节,其命令控制字为 C0H~FDH,其中奇数为读操作,偶数为写操作;另一类为突发方式下的 RAM 寄存器,此方式下可一次性读写所有 RAM 的 31 个字节,命令控制字为 FEH(写)、FFH(读)。

9.5.2　DS1302 的控制函数

```
//DS1302 位定义
    sbit rst = P1^7;
    sbit sck = P1^6;
    sbit io = P1^5;

//DS1302 单字节写函数
void write_ds1302_byte( uchar dat)              //单字节写
{   uchar i;
```

```c
    for(i=0;i<8;i++)
      { sck=0;                              //准备传数据
        _nop_();_nop_();
        io = dat&0x01;                      //写入最低位
        _nop_();_nop_();
        dat = dat>>1;                       //右移一位准备写入下一位
        sck = 1;                            //开始传数据
        _nop_();_nop_();
      }
  }

//DS1302 多字节写函数
void write_ds1302(uchar add,uchar dat)      //写多字节
  { rst = 0;
    _nop_();
    sck = 0;
    _nop_();
    rst = 1;                                //传送开始
    _nop_();
    write_ds1302_byte(add);                 //寄存器传地址
    write_ds1302_byte(dat);                 //传数据
    rst = 0;                                //传送停止
    _nop_();
    io = 1;
    sck = 1;
  }

//DS1302 读寄存器函数
uchar read_ds1302(uchar add)                //读寄存器
  { uchar i,value;
    rst = 0;
    _nop_();
    sck = 0;
    _nop_();
    rst = 1;
    _nop_();
    write_ds1302_byte(add);                 //写要读寄存器的地址
    for(i=0;i<8;i++)
      { value = value>>1;
```

```
            sck = 0;
            if(io)                          //当 io = 1 时
                value = value|0x80;         //value 所应的位为 1
            sck = 1;
        }
        rst = 0;                            //停止读操作
        _nop_( );
        sck = 0;
        _nop_( );
        sck = 1;
        io = 0;
        return value;                       //返回所读数据
    }
```

9.6 综合项目演练：万年历的设计

1. 任务描述

本项目是设计一个万年历，具体要求如下：
（1）能够用液晶显示年、月、日、星期、时、分、秒。
（2）能借助按键实现日期、星期和时间的调整。

2. 任务分析

按照要求完成万年历设计任务，需要解决以下几个问题：① 单片机的选型；② 单片机与液晶显示模块接口的构建；③ 单片机与按键接口的构建；④ 系统标准定时时间的实现方法。

单片机的选型同前面项目。万年历日期、时间和星期的显示采用字符型液晶显示器实现，在此选用 LCD1602 液晶显示模块。在单片机与按键接口电路的构建中，由于本项目只需要 7 个按键用于万年历的调整，且单片机的 I/O 线充裕，因此采用独立按键。系统的标准定时用专门的典型时钟芯片 DS1302 实现。

3. 任务实施

（1）总体设计。

根据任务分析，万年历设计可采用 AT89S51 单片机控制，需要 11 个 I/O 口控制液晶显示器 LCD1602。在设计中需要引入 7 个独立按键电路，需要 7 个 I/O 口。系统工作时的时间、日期和星期由专用芯片 DS1302 产生，需要单片机提供 3 个 I/O 口连接该时钟芯片。系统结构图如图 9-16 所示。

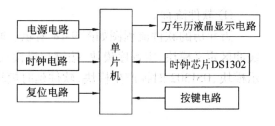

图 9-16　万年历的系统结构图

（2）硬件设计。

实现该任务的硬件电路中包含的主要元器件为：AT89S51 1 片、DS1302 1 片、LCD1602 模块 1 个、按键 7 个、电阻和电容等若干。单片机的 P0 口接 LCD1602 的数据端，P1.0～P1.2 依次连接 LCD1602 的控制端 RS、RW、E。DS1302 的三个控制端则分别接至单片机的 P1.5～P1.7。用于调节万年历的按键接至 P3.0～P3.6 口。万年历的原理图如图 9-17 所示。

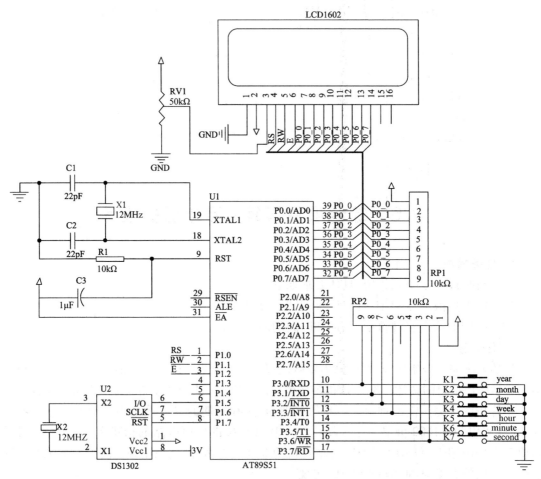

图 9-17　万年历原理图

（3）软件设计

① 软件流程。

万年历的软件流程图如图 9-18 所示。软件采用模块化设计方法，模块说明如下：变量缓冲区定义模块、主程序模块、按键扫描模块、按键任务处理模块、缓冲区设置模块、液晶显示模块、DS1302 时钟产生模块、软件延时模块等。

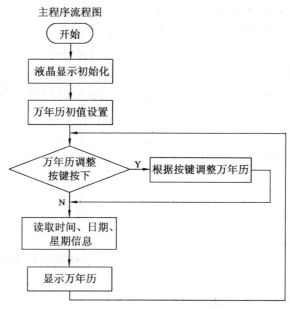

图 9-18　万年历软件流程图

② 源程序如下：

```
#include"reg51.h"
#include"ds1302.h"
#include"lcd1602.h"
sbit K1 = P3^0;                                         //调节 year
sbit K2 = P3^1;                                         //调节 month
sbit K3 = P3^2;                                         //调节 day
sbit K4 = P3^3;                                         //调节 week
sbit K5 = P3^4;                                         //调节 hour
sbit K6 = P3^5;                                         //调节 minute
sbit K7 = P3^6;                                         //调节 second
uchar code write_add[7] = {0x8C,0x8A,0x88,0x86,0x84,0x82,0x80};
                                                        //DS1302 寄存器写地址
uchar code read_add[7] = {0x8D,0x8B,0x89,0x87,0x85,0x83,0x81};
                                                        //DS1302 寄存器读地址
unsigned long int year,week,mon,day,hou,min,sec;        //DS1302 日期时间变量
uchar time_data[7] = {18,2,9,30,10,57,11};              //DS1302 初始化实时时间
uchar time_data2[7];
uchar time_data3[7];
uchar code lcd_data[] = {'0','1','2','3','4','5','6','7','8','9'};
                                                        //lcd 显示数组
uchar code data1[] = {"data:"};
uchar code data2[] = {"time:"};
```

```c
    unsigned char read_keyboard(void);
    void process(uchar key);

//延时函数模块
    void DelayMS(uint x)                    //x ms 延时函数
    {   uchar t;
        while(x--)
        {   for(t=120;t>0;t--);
        }
    }


//时间设置
    void set_time()                         //初始化实时时间
    {   uchar i,j;
        write_ds1302(0x81,0x10);
        for(i=0;i<7;i++)                    //把原来的数转换成BCD码
        {   j=time_data[i]/10;              //把time_data[i]十位给j
            time_data2[i]=time_data[i]%10;  //把time_data[i]个位给time_data[i]
            time_data2[i]=time_data2[i]+j*16;
                                            //把个位和十位合在一起转换成BCD码
        }
        write_ds1302(0x8E,0x00);            //去除写保护
        for(i=0;i<7;i++)                    //给寄存器中写初始化时间
        {   write_ds1302(write_add[i],time_data[i]);
        }
        write_ds1302(0x8E,0x80);            //加上写保护
        write_ds1302(0x80,0x7F&time_data2[6]);
    }

//独立式按键扫描模块
    unsigned char read_keybord()
    {   unsigned char key_returnE=0;
        if(K1==0)
        {   DelayMS(1);
            if(K1==0)
            {key_returnE=1;while(K1==0);}
        }
        else if(K2==0)
        {   DelayMS(1);
```

```c
            if(K2==0)
             {key_returnE=2;while(K2==0);}
        }
        else if(K3==0)
         {   DelayMS(1);
             if(K3==0)
             {key_returnE=3;while(K3==0);}
         }
        else if(K4==0)
         {   DelayMS(1);
             if(K4==0)
             {key_returnE=4;while(K4==0);}
         }
        else if(K5==0)
         {   DelayMS(1);
             if(K5==0)
             {key_returnE=5;while(K5==0);}
         }
        else if(K6==0)
         {   DelayMS(1);
             if(K6==0)
             {key_returnE=6;while(K6==0);}
         }
        return(key_returnE);

    }

//根据按键的情况选择调整相应项目并写入DS1302,用于时间和日期的调节
void Adjust_time(unsigned char sel, bit sel_1)
{   signed char address,item;
    signed char max,mini;
    if(sel==1)   {address=0x8C; max=99; mini=0;}    //年
    if(sel==2)   {address=0x88; max=12;mini=1;}     //月
    if(sel==3)   {address=0x86; max=31;mini=1;}     //日
    if(sel==4)   {address=0x8A; max=7;mini=1;}      //星期
    if(sel==5)   {address=0x84; max=23;mini=0;}     //小时
    if(sel==6)   {address=0x82; max=59;mini=0;}     //分钟
    if(sel==7)   {address=0x80; max=0;mini=0;}      //秒
```

//读取1302某地址上的数值,将之转换成十进制数赋给item
    item = ((read_ds1302(address + 1))/16) * 10 + (read_ds1302(address + 1))%16;
    if(sel_1 == 0)
        item ++ ;
    else
        item -- ;
    if(item > max) item = mini;
    if(item < mini) item = max;
    write_ds1302(0x8e,0x00);   //允许写操作
    write_ds1302(address,(item/10)*16 + item%10);   //转换成十六进制写入1302
    write_ds1302(0x8e,0x80);   //写保护,禁止写操作
}

//读出日期、星期和时间等信息
void read_time()
{   year = read_ds1302(read_add[0])/16*10 + read_ds1302(read_add[0])%16;
                                                          //读寄存器把BCD变为一般数
    week = read_ds1302(read_add[1])/16*10 + read_ds1302(read_add[1])%16;
    mon = read_ds1302(read_add[2])/16*10 + read_ds1302(read_add[2])%16;
    day = read_ds1302(read_add[3])/16*10 + read_ds1302(read_add[3])%16;
    hou = read_ds1302(read_add[4])/16*10 + read_ds1302(read_add[4])%16;
    min = read_ds1302(read_add[5])/16*10 + read_ds1302(read_add[5])%16;
    sec = read_ds1302(read_add[6])/16*10 + read_ds1302(read_add[6])%16;
}

//显示日期、星期和时间等信息
void lcd_time()
{   uchar i;
    lcd_write_com(0x80);
    for(i = 0;i < 5;i ++)
    {lcd_write_data(data1[i]);}   //显示"data:"
    lcd_write_data(0x20);   //显示空格
    lcd_write_data(lcd_data[year/10]);   //显示年
    lcd_write_data(lcd_data[year%10]);
    lcd_write_data(0x2D);
    lcd_write_data(lcd_data[mon/10]);   //显示月
    lcd_write_data(lcd_data[mon%10]);
    lcd_write_data(0x2D);
    lcd_write_data(lcd_data[day/10]);   //显示日
```
```

```c
        lcd_write_data(lcd_data[day%10]);
        for(i=0;i<8;i++)
        lcd_write_data(0x20);                    //显示空格
        lcd_write_com(0x80+0x40);                //从第二行开始显示实时时间
        for(i=0;i<5;i++)
        {lcd_write_data(data2[i]);}              //显示"time:"
        lcd_write_data(0x20);                    //显示空格
        lcd_write_data(lcd_data[hou/10]);        //显示小时
        lcd_write_data(lcd_data[hou%10]);
        lcd_write_data(0x3A);                    //显示：
        lcd_write_data(lcd_data[min/10]);        //显示分钟
        lcd_write_data(lcd_data[min%10]);
        lcd_write_data(0x3A);                    //显示：
        lcd_write_data(lcd_data[sec/10]);        //显示秒
        lcd_write_data(lcd_data[sec%10]);
        lcd_write_data(0x20);                    //显示空格
        lcd_write_data(lcd_data[week]);
        lcd_write_com(0x80);
    }

//主函数
void main()                                      //主函数
{   uchar sel;
    lcd_init();
    set_time();
    while(1)                                     //无穷循环
    {   if((sel=read_keybord())!=0)
            adjust_time(sel,0);                  //有按键按下则调整万年历
        read_time();                             //读取日期、星期和时间等信息
        lcd_time();                              //显示万年历
    }
}
```

(4) 虚拟仿真。

万年历的 Proteus 仿真硬件电路图如图 9-19 所示。

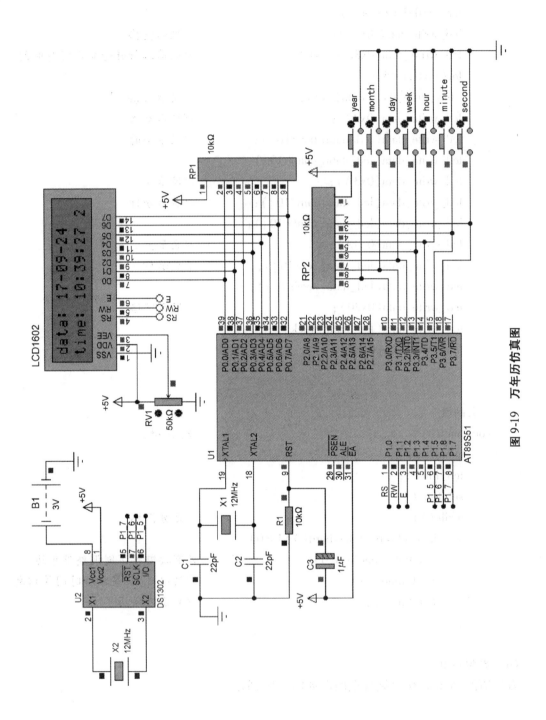

图 9-19 万年历仿真图

单元小结

在单片机应用系统中,键盘和显示器是最常用的输入/输出设备,是实现人机对话必不可少的功能配置。键盘是由若干个按键组成的开关矩阵,它是一种廉价的输入设备。一个键盘通常包括有数字键(0~9)、字母键(A~Z)以及一些功能键。操作人员可以通过键盘向计算机输入数据、地址、指令或其他控制命令。显示器则用来显示单片机的键入值、控制过程中间信息及运算结果等。特别是数码管显示器(LED),由于结构简单、价格廉价和接口容易,在单片机控制系统中得到了广泛的应用。

1. 单片机与键盘的接口

键盘是由若干个按键组成的。为了节省I/O线,通常将按键开关组成矩阵结构,采用扫描方式识别闭合键。键盘可通过一般I/O口与单片机连接,配合键盘扫描程序来实现单片机和键盘之间的通信。为了从键盘上取得有特定含义的数据,软件必须做好三件事:

(1)检测出当前已经有键被按下了。

(2)消除掉键被按下时机械触点跳动引起的脉冲列的影响。

(3)键码应译出,即识别出被按下的键处在键矩阵中具体的行、列位置。

2. 单片机与显示器的接口

显示器是用来指示单片机执行程序的结果以及工作状态。常用的显示器有发光二极管LED显示器、CRT显示器、LCD显示器。其中最常用的是LED数码显示器。

8段LED数码管能显示阿拉伯数字和部分英文字母以及特殊符号,有共阴极和共阳极之分。显示方式有静态显示和动态扫描显示两种。显示程序的功能是将显示缓冲区中的数字经过字形变换后送数码管显示。

3. 设计LED显示电路时应注意静态显示和动态显示方式的区别

静态显示方式数码管较亮,且显示程序占用CPU的时间较少,但其硬件电路复杂,占用单片机口线多,成本高。

动态显示方式硬件电路相对简单,成本较低,但其数码管显示亮度偏低,且采用动态扫描方式,显示程序占用CPU的时间较多。具体应用时,应根据实际情况,选用合适的显示方式。动态显示需要CPU控制显示的刷新,那么会消耗一定的功耗。

4. 设计按键电路时应注意独立按键和行列矩阵按键的区别

(1)独立式按键:每个按键占用一根I/O端线,有如下特点:

① 各按键相互独立,电路配置灵活。

② 按键数量较多时,I/O端线耗费较多,电路结构繁杂。

③ 软件结构简单。

适用于按键数量较少的场合。

(2)矩阵式键盘:I/O端线分为行线和列线,按键跨接在行线和列线上,按键按下时,行线与列线发生短路。其具有如下特点:

① 占用I/O端线较少。

② 软件结构较复杂。

适用于按键较多的场合。

5. 编写键盘输入程序时的注意点

（1）判别键盘上有无按键按下。

（2）去除键的机械抖动,其方法为：判别到键盘上有键闭合后,延时一段时间后再判别键盘的状态,若仍有键闭合,则认为键盘上有一个键处于稳定的闭合期,否则认为是键的抖动。

（3）判别闭合键的键号。

（4）使 CPU 对键的一次闭合仅作一次处理,采用的方法为等待闭合键释放以后再做处理。

6. 设计 LED 动态显示电路时的注意点

（1）点亮一个 LED 通常需要 10mA,限流电阻通常可选几百欧姆。

（2）在切至下一个显示器时,应把上一个显示先关闭,再将下一个显示器扫描信号输出,以避免上一个显示器的显示数据显示到下一个显示器,形成鬼影。

（3）扫描时间必须高于视觉暂留频率（即频率16Hz 以上,扫描周期62ms 以下）。

习 题

一、单选题

1. 在如图 9-20 所示的独立式按键的电路中,下列说法错误的是_____。

A. 电阻 R1 是上拉电阻　　　　　　B. 按键按下时,P1.0 为低电平

C. 该电路应进行去抖动处理　　　　D. P1.0 应工作于输出方式

2. 仔细观察如图 9-21 所示的电路,执行"P1 = 0x40"指令所实现的功能是_____。

A. 数码管 1 显示 0　　　　　　　　B. 数码管 2 显示 0

C. 数码管 1 和 2 都熄灭　　　　　　D. 数码管 1 和 2 都显示 0

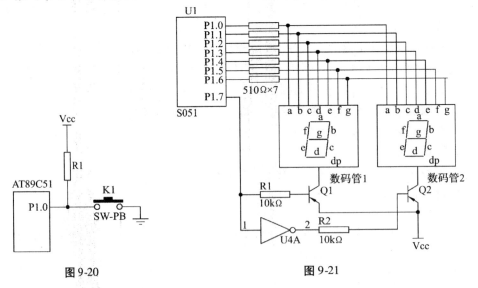

图 9-20　　　　　　　　　　　　图 9-21

3. 存储 16×16 点阵的一个汉字信息,需要的字节数为_____。

A. 32　　　　　　B. 64　　　　　　C. 128　　　　　　D. 256

4. 已知 1 只共阴极 LED 显示器,其中 a 笔段为字形代码的最低位,若需显示数字 1,则它的字形代码应为_____。
   A. 06H　　　　　　B. F9H　　　　　　C. 30H　　　　　　D. CFH

5. 矩阵式(也称行列式)键盘结构方式中,需要扩展 16 个按键,最少需要_____根线。
   A. 4　　　　　　　B. 6　　　　　　　C. 8　　　　　　　D. 10

6. 按键的机械抖动时间参数通常是_____。
   A. 0　　　　　　　B. 5~10μs　　　　C. 5~10ms　　　　D. 1s 以上

7. N 位 LED 显示器采用动态显示方式时,需要提供的 I/O 线总数是_____。
   A. 8×N　　　　　　B. N+N　　　　　　C. N　　　　　　　D. 8+N

二、填空题

1. 键盘结构方式分为_____和_____。
2. 消除按键抖动的方法有_____、_____。
3. 键盘工作方式有三种,分别是_____、_____和_____。
4. 单片机系统中,按键较多时,通常采用_____键盘;按键较少时,通常采用_____键盘。
5. 矩阵式键盘按键的识别,最常见的方法是_____。
6. 单片机控制七段数码管有_____和_____两种方式。
7. AT89S51 单片机接 4 个 8 段 LED 数码管显示,每个数码管的 8 个段(a、b、c、d、e、f、g、dp)同名端并联,这种接法一定采用_____态显示法。
8. 静态显示方式占用 CPU 的时间较_____(少/多),但其硬件电路成本_____(高/低);动态显示方式占用 CPU 的时间较_____(少/多),硬件电路成本_____(高/低)。
9. 数码管动态显示的扫描时间必须高于视觉暂留频率(即频率 16Hz 以上),扫描周期在_____以下。
10. 若 LED 为共阳极接法,D7~D0 接 hgfedcba。则'P'的字型码为_____H。

三、简答题

1. LED 静态显示和动态显示方式各有什么优缺点?
2. 动态显示的原理是什么?
3. 试说明非编码键盘的工作原理,为什么要消除键盘的机械抖动?有哪些方法?如何判断键是否释放?
4. 独立式键盘和矩阵式键盘各有什么特点?分别应用于什么场合?

第10章 单片机 A/D 接口电路设计

学习目标

- 掌握 A/D 转换基本工作原理和主要技术指标。
- 了解典型 A/D 芯片 ADC0809 和 ADC0804。
- 掌握单片机 A/D 转换的接口电路设计技术，能实现 51 系列单片机与 A/D 转换器芯片的接口设计。

10.1 A/D 转换芯片的结构与工作原理

10.1.1 A/D 转换器概述

A/D 转换器用于实现模拟量向数字量的转换，由于模数转换电路的种类很多，选择 A/D 转换器件主要从速度、精度和价格方面考虑。按转换原理可分为 4 种，即计数式 A/D 转换器、双积分式 A/D 转换器、逐次逼近式 A/D 转换器和并行式 A/D 转换器。

目前最常用的是双积分式 A/D 转换器和逐次逼近式 A/D 转换器。

双积分式 A/D 转换器的主要优点是转换精度高，抗干扰性能好，价格便宜，但转换速度较慢，因此这种转换器主要用于速度要求不高的场合。

另一种常用的 A/D 转换器是逐次逼近式的，逐次逼近式 A/D 转换器是一种速度较快、精度较高的转换器。其转换时间大约在几微秒到几百微秒之间。通常使用的逐次逼近式典型 A/D 转换器芯片如 ADC0808/0809 型 8 位 MOS 型 A/D 转换器，可实现 8 路模拟信号的分时采集，片内有 8 路模拟选通开关以及相应的通道地址锁存用译码电路，其转换时间为 100μs 左右。下面将重点介绍该芯片的结构及使用方法。ADC0816/0817 这类产品除输入通道数增加至 16 个以外，其他性能与 ADC0808/0809 型基本相同。

10.1.2 典型 A/D 转换器芯片 ADC0809

A/D 转换器芯片 ADC0809 片内有 8 路模拟选通开关，可分时采集 8 路模拟信号，其转换时间为 100μs 左右。

1. ADC0809 的内部逻辑结构

ADC0809 的内部逻辑结构如图 10-1 所示。

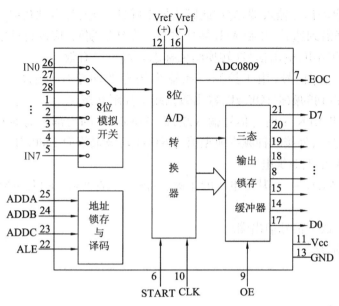

图 10-1　ADC0809 内部逻辑结构

图中多路开关可选通 8 个模拟通道,允许 8 路模拟量分时输入,共用一个 A/D 转换器进行转换,这是一种经济的多路数据采集方法。地址锁存与译码电路完成对 A、B、C 三个地址位进行锁存和译码,其译码输出用于通道选择,转换结果通过三态输出锁存器存放、输出,因此可以直接与系统数据总线相连,表 10-1 为通道选择表。

表 10-1　ADC0809 模拟输入通道与地址译码的选通关系

被选模拟通道		IN0	IN1	IN2	IN3	IN4	IN5	IN6	IN7
地　址	ADDC	0	0	0	0	1	1	1	1
	ADDB	0	0	1	1	0	0	1	1
	ADDA	0	1	0	1	0	1	0	1

八位逐次逼近式 A/D 转换器由控制与时序电路、逐次逼近寄存器、树状开关以及 256R 电阻阶梯网络等组成。

输出锁存器用于存放和输出转换得到的数字量。

2．引脚说明

ADC0809 芯片为 28 引脚双列直插式封装,其引脚排列见图 10-2。

对 ADC0809 主要信号引脚的功能说明如下:

- IN0 ~ IN7:8 路模拟信号输入端。
- ADDC（A2）、ADDB（A1）、ADDA（A0）:地址输入端。
- ALE:地址锁存允许输入信号,在此脚施加正脉冲,上升沿有效,此时锁存地址码,从而选通相应的模拟信号通道,以便进行 A/D 转换。

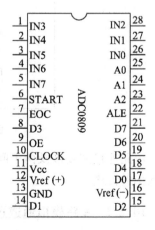

图 10-2　ADC0809 引脚排列

- START:启动信号输入端,应在此脚施加正脉冲,当上升沿到达时,内部逐次逼近寄存器复位;在下降沿到达后,开始 A/D 转换过程。在转换期间,应保持低电平。
- EOC:转换结束,输出信号(转换结束标志),高电平有效。
- OE:输出允许信号,用于控制三条输出锁存器向单片机输出转换得到的数据。OE=1,输出转换得到的数据;OE=0,输出数据线呈高阻状态。
- CLOCK(CP、CLK):时钟信号输入端,因 ADC0809 的内部没有时钟电路,所需时钟信号必须由外界提供,外接时钟频率典型值为 640kHz,极限值为 1280kHz。
- Vcc:+5V 单电源供电。
- Vref(+)、Vref(-):基准电压的正极、负极。一般 Vref(+)接+5V 电源,Vref(-)接地。
- D7~D0:数字信号输出端。
- GND:接地端。

10.2　51 系列单片机与 ADC0809 的接口

ADC0809 与 51 单片机的连接如图 10-3 所示。

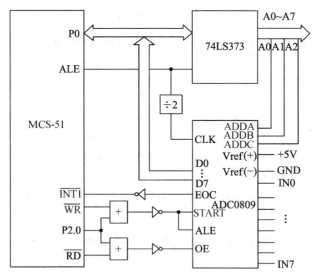

图 10-3　ADC0809 与 51 单片机的连接

电路连接主要涉及两个问题:一是 8 路模拟信号通道的选择;二是 A/D 转换完成后转换数据的传送。

10.2.1　8 路模拟通道选择

如图 10-4 所示,模拟通道选择信号 A、B、C 分别接最低三位地址 A0、A1、A2 即(P0.0、P0.1、P0.2),而地址锁存允许信号 ALE 由 P2.0 控制,则 8 路模拟通道的地址为 0FEF8H~

0FEFFH。此外,通道地址选择以$\overline{WR}$作写选通信号。

从图10-4中可以看到,把ALE信号与START信号接在一起了,这样连接使得在信号的前沿写入(锁存)通道地址,紧接着在其后沿就启动转换。图10-5是有关信号的时间配合示意图。

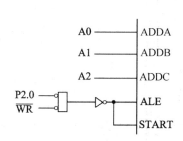

图10-4　ADC0809的部分信号连接

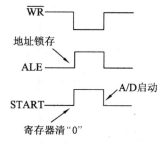

图10-5　信号的时间配合

10.2.2　转换数据的传送

A/D转换后得到的数据应及时传送给单片机进行处理。数据传送的关键问题是如何确认A/D转换的完成,因为只有确认完成后才能进行传送。为此可采用下述三种方式。

(1) 定时传送方式。

对于一种A/D转换器来说,转换时间作为一项技术指标是已知的和固定的。例如,ADC0809转换时间为128μs,相当于6MHz的51单片机共64个机器周期。可据此设计一个延时子程序,A/D转换启动后即调用此子程序,延迟时间一到,转换肯定已经完成了,接着就可进行数据传送。

(2) 查询方式。

A/D转换芯片有表明转换完成的状态信号,如ADC0809的EOC端,因此可以用查询方式测试EOC的状态,即可确认转换是否完成,并接着进行数据传送。

(3) 中断方式。

把表明转换完成的状态信号(EOC)作为中断请求信号,以中断方式进行数据传送。

不管使用上述哪种方式,只要一旦确认转换完成,即可通过指令进行数据传送。首先送出口地址并以$\overline{RD}$作选通信号,当$\overline{RD}$信号有效时,OE信号即有效,再把转换数据送上数据总线,供单片机接收。

这里需要说明的是,ADC0809的三个地址端A、B、C即可如前所述与地址线相连,也可与数据线相连,如与D0~D2相连。

在图10-3中EOC信号经过反相器后送到单片机的$\overline{INT1}$,因此可以采用查询该引脚或中断的方式进行转换后数据的传送。

ADC0809与51单片机的硬件接口最常用的是查询和中断方式。

(1) 查询方式。

查询方式下ADC0809与单片机的硬件接口如图10-6所示。

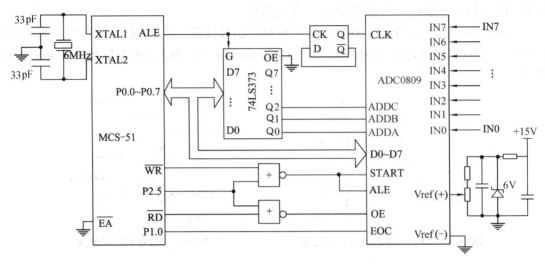

图 10-6　查询方式下 ACD0809 与单片机的接口

ADC0809 的时钟由 ALE 两分频后提供,其频率为 500kHz。在编程时,令 P2.5 = 0,A2A1A0 给出被选择的模拟通道地址,地址为 xx0xxxxxxxxxxA2A1A0B,执行一条外部数据存储器输出指令,锁存模拟通道地址,同时启动 A/D 转换。然后查询等待,当 P1.0 = EOC = 1,表明 A/D 转换结束,再执行一条外部数据存储器输入指令,读取 A/D 转换结果。

(2) 中断方式。

中断方式下 ADC0809 与单片机的硬件接口如图 10-7 所示。ADC0809 的时钟由 ALE 两分频后提供,其频率为 500kHz。使用 A/D 转换结束信号 EOC 作为中断请求信号,反相后接到单片机的外部中断请求 $\overline{INT1}$ 端。

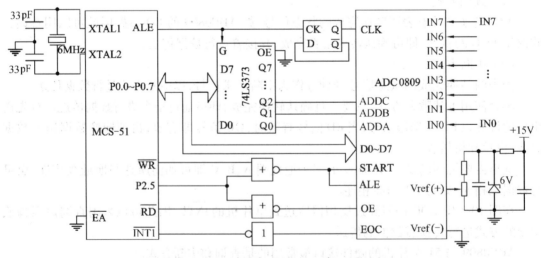

图 10-7　中断方式下 ACD0809 与单片机的接口

在编程时,令 P2.5 = 0,A2A1A0 给出被选择的模拟通道地址,地址为 xx0xxxxxxxxxxA2A1A0B,执行一条外部数据存储器输出指令,锁存模拟通道地址,同时启动 A/D 转换。然后,当 A/D 转换结束时 EOC = 1,$\overline{INT1}$ = 0,向 CPU 申请中断,在中断服务程序中,执行一条外部数据存储器输入指令,读取 A/D 转换结果。同时可根据需要再次启动 A/D 转换。

10.3 综合项目演练：电压报警器的设计

1. 任务描述

所谓电压报警器(Digital Voltmeter,简称 DVM),是采用数字化测量技术,把连续的模拟电压量转换成不连续、离散的数字化形式并加以显示的仪表。传统指针式电压表功能单一、精度低,难于满足数字化时代的需求。采用 A/D 转换器和单片机构成的电压报警器,由于具有测量精度高、抗干扰和可扩展能力强、集成性能好等优点,目前已被广泛应用于电子及电工测量、工业自动化仪表、自动测试系统等智能化测量领域。

本项目设计一个电压报警器,具体要求如下:

(1) 报警方式:当监测到电压超过上限报警值、低于下限报警值、超出上限与下限设定的区间报警值时,电压报警器会立即鸣笛报警,电压测控仪会输出开关量。

(2) 监测电压:DC 0～5V。

(3) 测量精度:5V/256。

(4) 报警音量:≤90 分贝。

2. 任务分析

按照要求完成电压报警器设计任务,需要解决以下几个问题:① 单片机的选型;② 单片机与 A/D 转换接口硬件电路;③ 单片机与 A/D 转换接口电路软件设计方法;④ 数据处理;⑤ 显示控制。

单片机的选型同前面项目。单片机与 A/D 转换接口硬件电路的设计,应注意,目前 A/D 转换器从接口上可分为两大类:并行接口转换器和串行接口转换器。并行接口转换器的引脚多,体积大,占用单片机的口线多;而串行接口转换器的体积小,占用单片机的口线少。本项目为了编程方便,选用的是并行 A/D 转换芯片。

电压报警器又叫四位数显式精密电压监测仪,当监测到电压超过上限报警值、低于下限报警值、超出上限与下限设定的区间报警值时,电压报警器会立即鸣笛报警,电压测控仪会输出开关量,所以准确地进行数据处理和显示控制是程序设计的关键。

分析本项目,可见该系统至少需要一路 A/D 转换功能电路,并且要求充分利用单片机软、硬件资源,在其控制和管理下完成 A/D 转换。由于本系统精度要求不高,主要学习单片机与 A/D 转换芯片接口电路的软硬件设计,故系统采用 AT89S51 和一片 8 位 A/D 转换芯片来构建系统的硬件结构,也可采用常用的 ADC0804 芯片来实现。

3. 任务实施

(1) 总体设计。

系统结构图如图 10-8 所示。主要包含的硬件模块有:最小电路模块(电源电路、时钟电路及复位电路)、A/D 转换模块、报警指示模块、声音报警电路模块及电压显示模块几个部分。

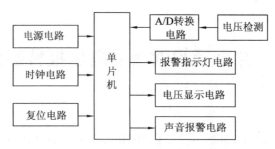

图 10-8 电压报警器的系统结构图

整个系统工作时,被测电压经 A/D 转换后的数字量送单片机,单片机一方面将该电压值送 LED 数码管显示,同时,对该电压值进行判断,确定是否到达过压或欠压值,若达到过压或欠压值,则点亮报警指示灯,并且启动声音报警电路,从而发出一定频率的报警声。单片机与 A/D 转换电路的接口采用查询方式实现。电压显示采用 4 位 LED 数码管动态显示方式。过压及欠压报警指示灯采用 LED 灯实现。采用蜂鸣器产生报警声音。利用定时器 T0 产生 A/D 转换用的时钟信号,用定时器 T1 设定报警信号的频率。

(2) 硬件设计。

本项目采用 AT89S51 单片机作为主控制器。A/D 转换采用 8 通道 A/D 转换芯片 ADC0809,完成被测模拟电压向数字量的转换。该数字电压值由 4 位共阳极 LED 数码管显示,三极管起驱动作用。过压或欠压时有声音和指示灯两种方式报警,报警指示灯电路由两个 LED 组成,分别用于过压和欠压指示。声音报警由蜂鸣器产生。电压报警器的硬件电路原理图如图 10-9 所示。实现任务的硬件电路中包含的主要元器件为:AT89S51 1 片、ADC0809 1 片、数码管 4 个、LED 2 只、蜂鸣器 1 个、电阻和电容等若干。

(3) 软件设计。

① 软件流程设计。

电压报警器的软件流程图如图 10-10 所示。

软件采用模块化设计方法,程序模块如下:

变量缓冲区定义模块、主程序模块、电压显示模块、ADC0809 工作时钟产生模块、报警声鸣笛模块、缓冲区设置模块、软件延时模块、LED 数码管 0~F 显示字形常数表。

第10章 单片机A/D接口电路设计

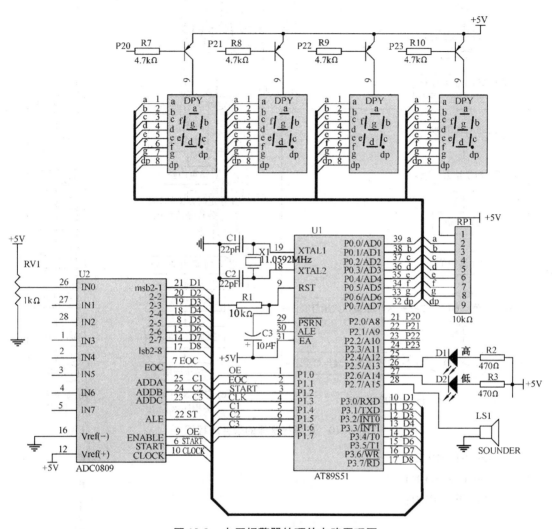

图10-9 电压报警器的硬件电路原理图

② 源程序如下：

// 变量缓冲区定义模块

#include <reg52.h>

#define uchar unsigned char

#define uint unsigned int

#define ulong unsigned long

// 数码管段码定义

uchar code LEDData[ ] = {0xC0,0xF9,0xA4,0xB0,0x99,0x92,0x82,0xF8,0x80,0x90};

// 待显示各电压数位

uchar Temperature[ ] = {0,0,0};

sbit CLK = P1^3;

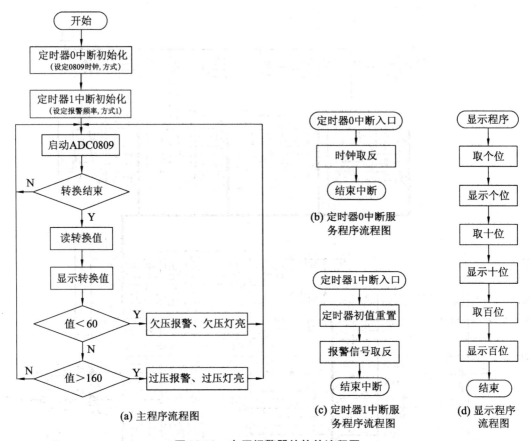

图 10-10 电压报警器的软件流程图

```
sbit ST = P1^2;
sbit EOC = P1^1;
sbit OE = P1^0;

sbit P2_0 = P2^0;
sbit P2_1 = P2^1;
sbit P2_2 = P2^2;
sbit P2_3 = P2^3;

sbit H_LED = P2^5;              //报警指示灯
sbit L_LED = P2^6;
sbit SPK = P2^7;

uchar THD1 = 0xFE;
uchar TLD1 = 0x00;

//延时1ms,软件延时模块
```

```c
void DelayMS(uint ms)
{   uchar i;
    while(ms--)
    {   for(i=0;i<120;i++);
    }
}

//显示函数,电压显示模块
void Display_Result(uint d)
{   ulong c;
    c = d*500000/255000;
    P0 = 0xC1;
    P2_3 = 0;
    DelayMS(5);
    P2_3 = 1;
    P0 = LEDData[c/100]&0x7F;        //取百位
    P2_0 = 0;
    DelayMS(5);
    P2_0 = 1;
    P0 = LEDData[c%100/10];          //取十位
    P2_1 = 0;
    DelayMS(5);
    P2_1 = 1;
    P0 = LEDData[c%10];              //取个位
    P2_2 = 0;
    DelayMS(5);
    P2_2 = 1;
}

//主程序
void main()
{   uchar d;
    DelayMS(20);
    TMOD = 0x12;
    TH0 = 0x14;
    TL0 = 0x00;
    TH1 = 0xFE;
    TL1 = 0x00;
    THD1 = 0xFE;
```

```c
            TLD1 = 0x00;
            IE = 0x8A;
            TR0 = 1;                                    //为 ADC0809 提供时钟
            P1 = 0x32;
            P2 = 0XFF;
            while(1)
            {   ST = 0; ST = 1; ST = 0;                 //启动转换
                while(1)
                {   if (EOC == 1)
                    {   OE = 1;
                        d = P3;                         //读取 A/D 转换
                        OE = 0;
                            Display_Result(d);
                        if(d < 51)                      //低压报警
                        {   L_LED = 0; H_LED = 1;
                            THD1 = 0xFE; TLD1 = 0x00;
                            TR1 = 1;
                        }
                        else if(d > 204)                //高压报警
                        {   H_LED = 0; L_LED = 1;
                            THD1 = 0xFE; TLD1 = 0x80;
                            TR1 = 1;
                        }
                        else {H_LED = 1; L_LED = 1; TR1 = 0;}
                        break;
                    }
                }
            }
}

//ADC0809 工作时钟产生模块
void Timer0_INT() interrupt 1
{   CLK = !CLK;
}

//报警声鸣笛模块
void Timer1_INT() interrupt 3
{   TH1 = THD1;
    TL1 = TLD1;
```

```
        SPK = ~SPK;
    }
```

（4）虚拟仿真。

运行 Proteus ISIS 软件，仔细观察运行结果，正常的运行结果是：输入的模拟电压经 A/D 转换后的数字电压值在 4 位数码管上能正常显示，电压显示范围为 0.00~5.00V。当输入电压达到上限值时，上限报警 LED 灯点亮且蜂鸣器发出声音报警。同样地，当输入电压达到下限值时，下限报警 LED 灯点亮且蜂鸣器发出声音报警。调试结果若不符合设计的要求，对硬件电路和软件进行检查重复调试。电压报警器 Proteus 仿真硬件电路如图 10-11 所示。

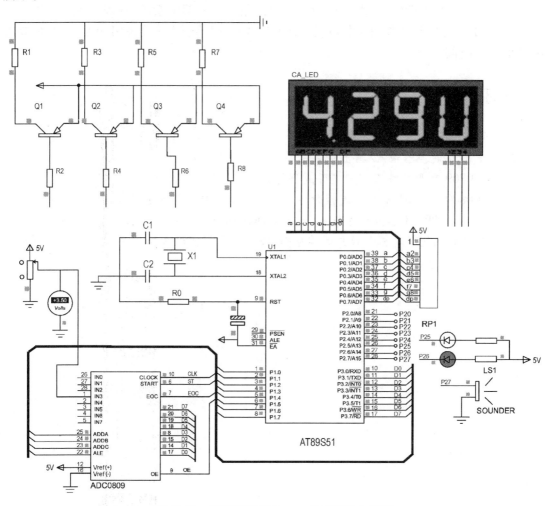

图 10-11 电压报警器 Proteus 仿真硬件电路图

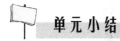

单元小结

在并行 A/D 转换芯片 ADC0809 的应用中要注意 A/D 转换后二者间的定时传送方式、查询方式和中断方式这三种数据传送方式及其对应接口图和程序的编写。

- 中断方式:该方式需要将 ADC0809 的 EOC 与单片机的 $\overline{INT0}$ 或 $\overline{INT1}$ 连接,转换结束后,ADC0809 向 CPU 发出中断请求,然后利用单片机的中断系统进行转换后的处理。
- 查询方式:该方式下,EOC 脚不必与 $\overline{INT0}$ 或 $\overline{INT1}$ 相连,直接与单片机的其他 I/O 口连接即可。在启动 A/D 转换后,不断查询,直到 EOC 变为高电平,表明 A/D 转换结束后,读 A/D 值。
- 定时传送方式:该方式下,ADC0809 的 EOC 端可不必与单片机相连,而是根据时钟频率计算出 A/D 转换时间,略微延长后直接读 A/D 转换值。在启动 A/D 后,需要延迟一段时间后直接读 A/D 值,而根本不管 EOC 是低电平还是高电平,这样延迟时间必须大于 ADC0809 A/D 转换时间。

这三种方式中,中断方式最方便灵活,但要占用一个外部中断源;查询方式不占用外部中断源,但要占用 CPU 工作时间和占用一条 I/O 线;定时传送方式不占用 CPU 资源,但要占用 CPU 工作时间。

习 题

1. A/D 转换器的主要参数有哪些?
2. 表征 A/D 转换器输入/输出特性主要有哪些方面?
3. ADC0809 有哪几种工作方式?试分别叙述其工作原理。
4. ADC0809 在与 51 单片机连接时各有哪些控制信号?其作用是什么?
5. 在一个 AT89S51 单片机系统中,选用 ADC0809 作为接口芯片,用于测量炉温,温度传感信号接 IN3,画出单片机与接口的连接图,设计一个能实现 A/D 转换的接口及相应的转换程序。

第 11 章 单片机 D/A 接口电路设计

学习目标

- 掌握 D/A 转换器的基本工作原理,了解 D/A 转换器的主要技术指标。
- 了解典型 D/A 转换器芯片 DAC0832。
- 掌握 51 单片机与 D/A 转换器芯片的接口设计方法。

11.1 D/A 转换芯片的结构与工作原理

在单片机应用系统中,常需要将检测到的连续变化的模拟量如电压、温度、压力、流量、速度等转换成数字信号,才能输入单片机中进行处理。然后再将处理结果的数字量转换成模拟量输出,实现对被控对象的控制。将模拟量转换成数字量的过程叫作 A/D 转换;将数字量转换成模拟量的过程叫作 D/A 转换。

11.1.1 D/A 转换器概述及主要技术指标

1. D/A 转换器概述

D/A 转换器的基本功能是将一个用二进制表示的数字量转换成相应的模拟量,即把二进制数字量转换为与其数值成正比的模拟量。数字量是用代码按数位组合起来表示的,对于有权码,每位代码都有一定的位权。为了将数字量转换成模拟量,必须将每 1 位的代码按其位权的大小转换成相应的模拟量,然后将这些模拟量相加,即可得到与数字量成正比的总模拟量,从而实现数字—模拟转换。这就是组成 D/A 转换器的基本指导思想。

实现这种操作的基本方法是:对应于二进制数的每一位,产生一个相应的电压(电流),而这个电压(电流)的大小正比于相应的位权。按解码网络结构不同,可分为 T 型电阻解码网络 D/A 转换器、倒 T 型电阻解码网络 D/A 转换器、权电流 D/A 转换器、权电阻解码网络 D/A 转换器等。

2. D/A 转换器的主要技术指标

D/A 转换器输入的是数字量,经转换后输出的是模拟量。有关 D/A 转换器的技术性能指标很多,如绝对精度、相对精度、线性度、输出电压范围、温度系数、输入数字代码种类(二进制或 BCD 码)等。D/A 常用的技术性能指标如下所示。

(1) 分辨率。

分辨率是 D/A 转换器对输入量变化敏感程度的描述,与输入数字量的位数有关。如果数字量的位数为 n,则 D/A 转换器的分辨率为 2^{-n}。这就意味着数/模转换器能对满刻度的 2^{-n} 输入量作出反应。例如,8 位数的分辨率为 $\frac{1}{256}$,10 位数的分辨率为 $\frac{1}{1024}$ 等。因此数字量位数越多,分辨率也就越高,亦即转换器对输入量变化的敏感程度也就越高。使用时,应根据分辨率的需要来选定转换器的位数。DAC 常可分为 8 位、10 位、12 位三种。

(2) 建立时间。

建立时间是描述 D/A 转换速度快慢的一个参数,指从输入数字量变化到输出达到终值误差 $\pm\frac{1}{2}$LSB(最低有效位)时所需的时间。通常以建立时间来表示转换速度。转换器的输出形式为电流时,建立时间较短;输出形式为电压时,由于建立时间还要加上运算放大器的延迟时间,因此建立时间要长一点。但总的来说,D/A 转换速度远高于 A/D 转换速度,如快速的 D/A 转换器的建立时间可达 1μs。

(3) 接口形式。

D/A 转换器与单片机接口方便与否,主要决定于转换器本身是否带数据锁存器。总的来说,有两类 D/A 转换器,一类是不带锁存器的,另一类是带锁存器的。对于不带锁存器的 D/A 转换器,为了保存来自单片机的转换数据,接口时要另加锁存器,因此这类转换器必须在口线上;而带锁存器的 D/A 转换器,可以把它看作是一个输出口,因此可直接在数据总线上,而不需另加锁存器。

从输入接口方面,D/A 转换器按输入的数据的先后次序划分为串行 D/A 和并行 D/A 两类;从输出接口方面,按输出电流或者输出电压与输入数据成比例划分为电流型 D/A 和电压型 D/A。

11.1.2 典型 D/A 转换器芯片 DAC0832

DAC0832 是应用较为广泛的 D/A 转换器。

1. DAC0832 的主要特性

DAC0832 是采用 CMOS/Si-Cr 工艺制造的双列直插式单片 8 位 D/A 转换器。它可以直接与 AT89S51 单片机相连,以电流形式输出;当转换为电压输出时,应外接运算放大器。其主要特性有:

① 输出电流线性度可在满量程下调节。
② 转换时间为 1μs。
③ 数据输入可采用双缓冲、单缓冲或直通方式。
④ 增益温度补偿为 0.02% FS/℃。
⑤ 每次输入数字为 8 位二进数。
⑥ 功耗为 20mW。
⑦ 逻辑电平与 TTL 兼容。
⑧ 单一电源供电,可在 5~15V 内。

2. DAC0832 内部结构和外部引脚

DAC0832 转换器芯片为 20 引脚,双列直插式封装,其引脚排列如图 11-1 所示。

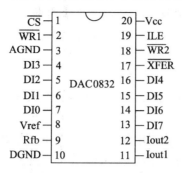

图 11-1 DAC0832 引脚图

DAC0832 内部采用 R-2R T 型电阻解码网络,由输入寄存器和 DAC 寄存器构成两级数据输入锁存。故在输出的同时,还可以接收一个数据,提高了转换速度。使用时数据输入可以采用两级锁存(双锁存)形式,或单级锁存(一级锁存,一级直通)形式,或直接输入(两级直通)形式。

当多芯片工作时,可用同步信号实现各模拟量的同时输出。DAC0832 内部结构框图如图 11-2 所示。

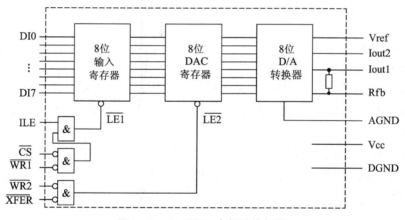

图 11-2 DAC0832 内部结构框图

此外,由三个与门电路组成寄存器输出控制逻辑电路,该逻辑电路的功能是进行数据锁存控制,当 $\overline{LE}=0$ 时,输入数据被锁存;当 $\overline{LE}=1$ 时,锁存器的输出跟随输入的数据。

D/A 转换电路是一个 R-2R T 型电阻网络,实现 8 位数据的转换。各引脚信号说明如下:

- DI7~DI0:转换数据输入端。
- $\overline{CS}$:片选信号(输入),低电平有效。
- ILE:数据锁存允许信号(输入),高电平有效。
- $\overline{WR1}$:第 1 写信号(输入),低电平有效。

ILE、$\overline{WR1}$ 和 $\overline{CS}$ 三个信号控制输入寄存器是数据直通方式还是数据锁存方式。当 ILE=1、$\overline{WR1}=0$ 且 $\overline{CS}=0$ 时,输入寄存器为直通方式;否则输入寄存器为锁存方式。

- $\overline{WR2}$：第2写信号（输入），低电平有效。
- $\overline{XFER}$：数据传送控制信号（输入），低电平有效。

$\overline{WR2}$ 和 $\overline{XFER}$ 两个信号控制 DAC 寄存器是数据直通方式还是数据锁存方式。当 $\overline{WR2}$ = 0 和 $\overline{XFER}$ = 0 时，DAC 寄存器为直通方式；否则为锁存方式。

- Iout1：电流输出1。
- Iout2：电流输出2。

电流输出型 DAC 转换器的特性之一是：Iout1 + Iout2 = 常数。

- Rfb：反馈电阻端。

DAC0832 是电流输出，为了取得电压输出，需在电压输出端接运算放大器，Rfb 即为运算放大器的反馈电阻端。运算放大器的接法如图 11-3 所示。

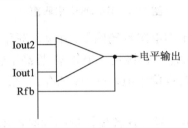

图 11-3　运算放大器接法

- Vref：基准电压，其电压可正可负，范围为 −10 ~ +10V。
- DGND：数字地。
- AGND：模拟地。

3．DAC0832 工作方式

DAC0832 利用 $\overline{CS}$、$\overline{WR1}$、$\overline{WR2}$、ILE、$\overline{XFER}$ 控制信号可以构成三种不同的工作方式。

- 直通方式：两级锁存器都工作于直通方式，数据可以从输入端经两个寄存器直接进入 D/A 转换器。
- 单缓冲方式：两个寄存器之一始终处于直通，另一个寄存器处于受控状态。
- 双缓冲方式：两个寄存器均处于受控状态。这种工作方式适合于多模拟信号同时输出的应用场合。

11.2　51 系列单片机与 DAC0832 的接口

DAC0832 可工作在直通方式、单缓冲方式和双缓冲器方式，每一种方式所需要的控制信号有所差别，对应的驱动电路也就不一样。单缓冲器方式即输入寄存器的信号和 DAC 寄存器的信号同时控制，使一个数据直接写入 DAC 寄存器，这种方式适用于只有一路模拟量输出或几路模拟量不需要同步输出的系统；双缓冲器方式即输入寄存器的信号和 DAC 寄存器的信号分开控制，这种方式适用于几路模拟量需要同步输出的系统。

11.2.1 单缓冲方式连接

所谓单缓冲方式,就是使 DAC0832 的两个输入寄存器中有一个(多位 DAC 寄存器)处于直通方式,而另一个处于受控锁存方式。在实际应用中,如果只有一路模拟量输出,或虽有多路模拟量输出但并不要求输出同步的情况下,就可采用单缓冲方式。单缓冲方式连接如图 11-4 所示。

为使 DAC 寄存器处于直通方式,应使 $\overline{WR2}=0$ 和 $\overline{XFER}=0$。为此可把这两个信号固定接地,或如电路中把 WR2 与 WR1 相连,把 XFER 与 CS 相连。

为使输入寄存器处于受控锁存方式,应把 $\overline{WR1}$ 接单片机的 $\overline{WR}$,ILE 接高电平。此外,还应把 CS 接高位地址线或地址译码输出,以便于对输入寄存器进行选择。

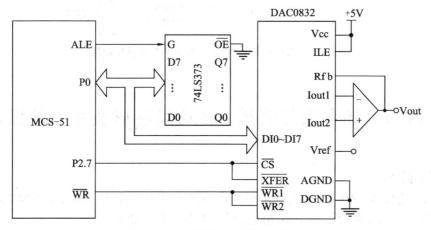

图 11-4　DAC0832 单缓冲方式接口

11.2.2 双缓冲方式的接口与应用

在多路 D/A 转换的情况下,若要求同步转换输出,必须采用双缓冲方式。DAC0832 采用双缓冲方式时,数字量的输入锁存和 D/A 转换输出是分两步进行的。CPU 分时向各路 D/A 转换器输入要转换的数字量并锁存在各自的输入寄存器中。CPU 对所有的 D/A 转换器发出控制信号,使各路输入寄存器中的数据进入 DAC 寄存器,实现同步转换输出。

图 11-5 为两片 DAC0832 与单片机的双缓冲方式连接电路,能实现两路同步输出。图中两片 DAC0832 的数据线都连到单片机的 P0 口;ALE 固定接高电平,$\overline{WR1}$ 和 $\overline{WR2}$ 都接到单片机的 $\overline{WR}$ 端;$\overline{CS}$ 分别接高位地址 P2.5 和 P2.6,这样两片 DAC0832 的输入寄存器具有不同的地址,可以分别输入不同的数据;$\overline{XFER}$ 都接到 P2.7,使两片 DAC0832 的 DAC 寄存器具有相同的地址,以便在 CPU 控制下同步进行 D/A 转换和输出。

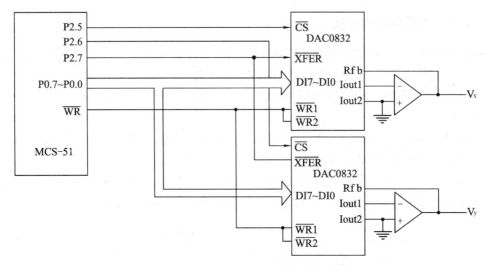

图 11-5 单片机与 DAC0832 双缓冲方式接口电路

11.3 综合项目演练：多功能波形发生器的设计

1. 任务描述

所谓多功能波形发生器，是指利用单片机系统中的 D/A 转换功能，实现要求的输出波形。本项目是用单片机设计一个多功能波形发生器。要求如下：

（1）波形的频率可调，具有产生方波、三角波、锯齿波、阶梯波、正弦波五种周期性波形的功能。

（2）输出波形的频率范围为 100Hz ~ 20kHz，频率步进间隔 ≤ 100Hz。

（3）输出波形幅度范围为 0 ~ 5V（峰-峰值），可按步进 0.1V（峰-峰值）调整。

（4）具有显示输出波形的类型、重复频率（周期）和幅度的功能。

2. 任务分析

按照要求完成多功能波形发生器设计任务，需要解决以下几个问题：① 单片机的选型；② 若单片机内部没有 D/A 转换电路，需要构建单片机与 D/A 转换接口电路；③ 单片机与 D/A 转换接口电路软件设计方法。

单片机的选型同前面项目。在单片机与 D/A 转换接口电路的设计中，本项目采用了并行 D/A 转换芯片 DAC0832 实现。而在实际应用中，经常会根据实际需要，为减少线路板的面积而采用串行 D/A 转换芯片。

单片机多功能波形发生器设计是单片机 D/A 转换接口最常用的一个非常典型的综合应用案例，它综合了 D/A 转换接口设计基础和人机界面接口设计基础。本项目通过多功能波形发生器任务的完成，重点了解 D/A 转换芯片 DAC0832 的工作原理、DAC0832 工作方式及应用。

3. 任务实施

（1）总体设计。

根据任务分析，多功能波形发生器设计可采用 AT89S51 单片机控制，在设计中需要引入一个 8 位的 D/A 转换电路，需要若干个 I/O 口作为按键电路。系统结构图如图 11-6 所示。

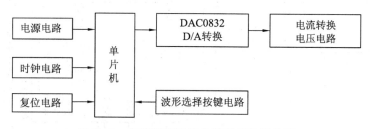

图 11-6　多功能波形发生器的系统结构图

该系统采用以单片机为核心的模块化结构，主要包含的硬件模块有：最小电路模块、D/A 转换模块、电流转换电压电路模块及波性选择按键电路模块等几个部分。

整个系统工作时，单片机是整个波形发生器的核心部分，它从程序存储器读取程序，从按键电路接收数据，并产生相应的数字信号送到数模转换器，转换成模拟电流信号，再由电流转换电压电路转换成模拟电压输出，即为所需要的波形输出。波性选择按键电路采用独立按键实现，接单片机的 P1 口。D/A 转换电路实现数字量向模拟量的转换，采用单缓冲工作方式。电流转换电压电路由集成运算放大器实现，并采用单极性输出，电压输出范围为 0~5V。

（2）硬件设计。

本任务采用 AT89S51 单片机作为主控制器。它的主要任务是读取用于波形选择的各独立按键的状态，根据按键的状态产生相应的波形数据（数字量）。DAC0832 芯片将单片机产生的波形数据进行数模转换，输出模拟电流，μA741 将 DAC0832 转换后的输出电流转变成模拟电压输出，即产生的波形为模拟电压输出。

实现该任务的硬件电路中包含的主要元器件为：AT89S51 1 片、DAC0832 1 片、集成运放 μA741 1 个、按键 7 个、电阻和电容等若干。

多功能波形发生器的原理图如图 11-7 所示。

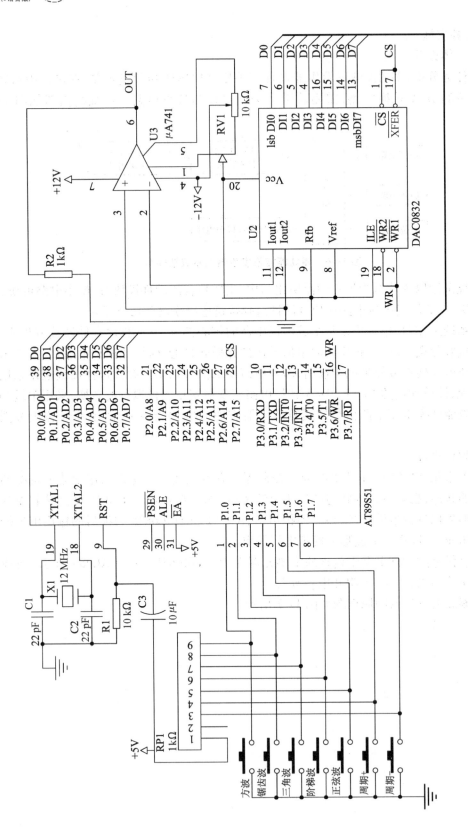

图 11-7 多功能波形发生器的硬件电路原理图

(3) 软件设计。

① 软件流程设计。

软件采用模块化设计方法,模块说明如下:变量缓冲区定义模块、主程序模块、波形任务处理模块、缓冲区设置模块、软件延时模块。多功能波形发生器控制电路软件参考流程图如图 11-8 所示。

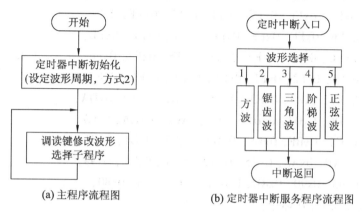

图 11-8　多功能波形发生器的软件流程图

② 源程序如下:

```
//变量缓冲区定义模块
#include <reg52.h>
#include <absacc.h>
#define uint unsigned int
#define uchar unsigned char
#define DAC0832 XBYTE[0x7FFF]
sbit k1 = P1^0;
sbit k2 = P1^1;
sbit k3 = P1^2;
sbit k4 = P1^3;
sbit k5 = P1^4;
sbit k6 = P1^5;
sbit k7 = P1^6;
code unsigned char tt[10] = {0x20,0x40,0x60,0x80,0x90,0xB0,0xC0,0xD0,0xE0,
                             0xF0};
unsigned char    mm = 0;
unsigned char    flag = 0;
unsigned char    x,y;
unsigned char    t;
uchar code SETTAB[] = {                            //正弦波数据(正部分)
0x80, 0x83, 0x86, 0x89, 0x8D, 0x90, 0x93, 0x96,    //(正上升部分)
0x99, 0x9C, 0x9F, 0xA2, 0xA5, 0xA8, 0xAB, 0xAE,
```

0xB1, 0xB4, 0xB7, 0xBA, 0xBC, 0xBF, 0xC2, 0xC5,
0xC7, 0xCA, 0xCC, 0xCF, 0xD1, 0xD4, 0xD6, 0xD8,
0xDA, 0xDD, 0xDF, 0xE1, 0xE3, 0xE5, 0xE7, 0xE9,
0xEA, 0xEC, 0xEE, 0xEF, 0xF1, 0xF2, 0xF4, 0xF5,
0xF6, 0xF7, 0xF8, 0xF9, 0xFA, 0xFB, 0xFC, 0xFD,
0xFD, 0xFE, 0xFF, 0xFF, 0xFF, 0xFF, 0xFF, 0xFF,
0xFF, 0xFF, 0xFF, 0xFF, 0xFF, 0xFF, 0xFE, 0xFD,
0xFD, 0xFC, 0xFB, 0xFA, 0xF9, 0xF8, 0xF7, 0xF6,   //(正下降部分)
0xF5, 0xF4, 0xF2, 0xF1, 0xEF, 0xEE, 0xEC, 0xEA,
0xE9, 0xE7, 0xE5, 0xE3, 0xE1, 0xDE, 0xDD, 0xDA,
0xD8, 0xD6, 0xD4, 0xD1, 0xCF, 0xCC, 0xCA, 0xC7,
0xC5, 0xC2, 0xBF, 0xBC, 0xBA, 0xB7, 0xB4, 0xB1,
0xAE, 0xAB, 0xA8, 0xA5, 0xA2, 0x9F, 0x9C, 0x99,
0x96, 0x93, 0x90, 0x8D, 0x89, 0x86, 0x83, 0x80,
//正弦波数据(负部分)
0x80, 0x7C, 0x79, 0x78, 0x72, 0x6F, 0x6C, 0x69,   //(负下降部分)
0x66, 0x63, 0x60, 0x5D, 0x5A, 0x57, 0x55, 0x51,
0x4E, 0x4C, 0x48, 0x45, 0x43, 0x40, 0x3D, 0x3A,
0x38, 0x35, 0x33, 0x30, 0x2E, 0x2B, 0x29, 0x27,
0x25, 0x22, 0x20, 0x1E, 0x1C, 0x1A, 0x18, 0x16,
0x15, 0x13, 0x11, 0x10, 0x0E, 0x0D, 0x0B, 0x0A,
0x09, 0x08, 0x07, 0x06, 0x05, 0x04, 0x03, 0x02,
0x02, 0x01, 0x00, 0x00, 0x00, 0x00, 0x00, 0x00,
0x00, 0x00, 0x00, 0x00, 0x00, 0x00, 0x01, 0x02,
0x02, 0x03, 0x04, 0x05, 0x06, 0x07, 0x08, 0x09,   //(负上升部分)
0x0A, 0x0B, 0x0D, 0x0E, 0x10, 0x11, 0x13, 0x15,
0x16, 0x18, 0x1A, 0x1C, 0x1E, 0x20, 0x22, 0x25,
0x27, 0x29, 0x2B, 0x2E, 0x30, 0x33, 0x35, 0x38,
0x3A, 0x3D, 0x40, 0x43, 0x45, 0x48, 0x4C, 0x4E,
0x51, 0x55, 0x57, 0x5A, 0x5D, 0x60, 0x63, 0x66,
0x69, 0x6C, 0x6F, 0x72, 0x76, 0x79, 0x7C, 0x80
};

//软件延时模块
void DelayMS(uint ms)
{   uchar i;
    while(ms --)
    {   for(i = 0;i < 120;i ++);
    }

```c
    }

//方波
void fangbo( )
{   DAC0832 = y;
    x ++;
    if( flag = = 0)
    {   y = 0xFF;
        if( x = = 128) {flag = 1; y = 0x00;}         //方波 +
    }
    else
    {   y = 0x00;
        if( x = = 0) {flag = 0; y = 0xFF;}           //方波 -
    }
}


//锯齿波
void juchibo( )
{   DAC0832 = y;
    y += 1;
}


//三角波
void sanjiaobo( )
{   DAC0832 = y;
    x ++;
    if( flag = = 0)
    {   y + = 2;                                      //三角波数据(上升部分)
        if( x = = 128) {flag = 1; y - = 2;}
    }
    else
    {   y - = 2;
        if( x = = 0) {flag = 0; y = 0;}               //三角波数据(下降部分)
    }
}


//阶梯波
void jietibo( )                                       //阶梯波
{   DAC0832 = y;
```

```
        y += 25;
    }

//正弦波
void sin( )
{   DAC0832 = SETTAB[y];
    x ++;
    y ++;
}

//独立按键扫描模块
void read_key( )
{   if(k1 == 0)
        {   DelayMS(10);
            if(k1 == 0)
            {   mm = 1;
                while(k1 == 0);
            }
        }
        else if(k2 == 0)
        {   DelayMS(10);
            if(k2 == 0)
            {   mm = 2;
                while(k2 == 0);
            }
        }
        else if(k3 == 0)
        {   DelayMS(10);
            if(k3 == 0)
            {   mm = 3;
                while(k3 == 0);
            }
        }
        else if(k4 == 0)
        {   DelayMS(10);
            if(k4 == 0)
            {   mm = 4;
                while(k4 == 0);
            }
```

```
        }
    else if(k5 ==0)
    {   DelayMS(10);
        if(k5 ==0)
        {   mm =5;
            while(k5 ==0);
        }
    }
    else if(k6 ==0)
    {   DelayMS(10);
        if(k6 ==0)
        {   if(t <8){t ++;TH0 =tt[t];}
            while(k6 ==0);
        }
    }
    else if(k7 ==0)
    {   DelayMS(10);
        if(k7 ==0)
        {   if(t >0){t --;TH0 =tt[t];}
            while(k7 ==0);
        }
    }
}

//主程序模块
main( )
{   TMOD =0x02;
    t =4;
    TL0 =tt[t];
    TH0 =tt[t];
    TR0 =1;
    ET0 =1;
    EA =1;
    mm =0;
    for( ; ; )
    {   read_key( );
    }
}
```

// 定时中断波形输出模块
```c
void t_0( ) interrupt 1 using 2
{  switch(mm)
   {  case 1:    fangbo( );break;
      case 2:    juchibo( );break;
      case 3:    sanjiaobo( );break;
      case 4:    jietibo( );break;
      case 5:    sin( );break;
   }
}
```

（4）虚拟仿真。

多功能波形发生器 Proteus 仿真硬件电路如图 11-9 所示，多功能波形发生器 Proteus 仿真硬件电路仿真调试图如图 11-10 所示。通过示波器观察电路输出的波形。正常的运行结果是：按下 K1~K5 键，该系统分别产生方波、锯齿波、三角波、阶梯波和正弦波等不同的波形，波形幅值为 0~5V，各波形的频率均可由 K6 和 K7 进行调整，K6 可递增调节频率，K7 则可对频率进行递减调节，频率调节范围为 100Hz~20kHz。调试结果若不符合设计要求，对硬件电路和软件进行检查、重复调试。

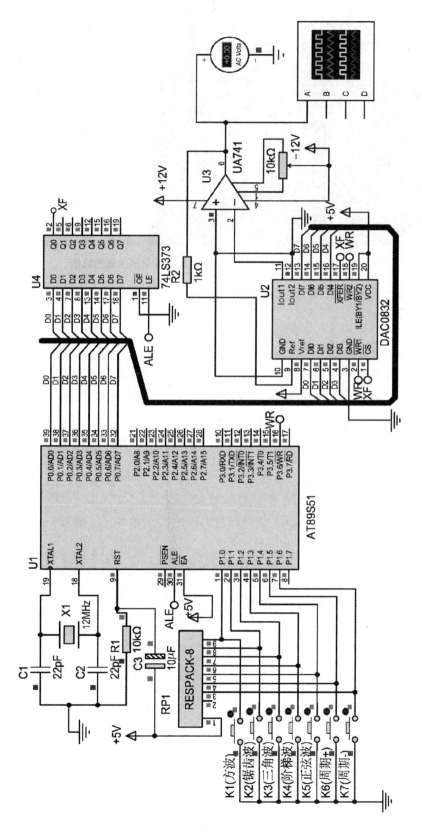

图 11-9 多功能波形发生器 Proteus 仿真硬件电路图

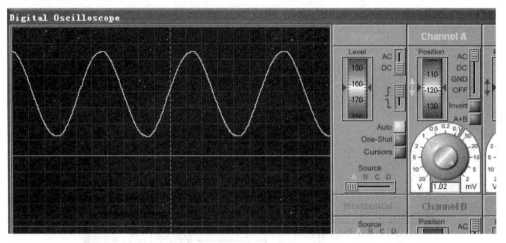

图 11-10　多功能波形发生器 Proteus 仿真硬件电路仿真调试图

单元小结

应用 DAC0832 时应注意内部有两个寄存器，输入信号需经过输入寄存器和 DAC 寄存器才能进入 D/A 转换器进行 D/A 转换。通过软件指令控制这两个寄存器的 5 个控制信号（ILE、$\overline{CS}$、$\overline{WR1}$、$\overline{WR2}$、$\overline{XFER}$），可实现直通方式、单缓冲方式和双缓冲方式三种接口形式。

习　题

1. D/A 转换器的主要参数有哪些？
2. D/A 转换器输入/输出特性主要有哪些方面？
3. 51 单片机与 DAC0832 接口时，有哪三种工作方式？各有什么特点？适合在什么场合使用？
4. DAC0832 在与 51 单片机连接时各有哪些控制信号？其作用是什么？
5. 用 DAC0832 设计一个模拟量输出接口，端口地址为 0xFEFF，要求其产生周期为 5ms 的锯齿波。假定系统时钟为 6MHz，试编写相应的程序。

附录 A

51 系列单片机指令表

（按照功能排列的指令表）

表 A-1 数据传送类指令（29 条）

类型	助记符	指令功能	操作码	对 PSW 影响				字节数	执行周期数
				CY	AC	OV	P		
片内 RAM 传送指令	MOV A, Rn	(A)←(Rn)	E8~EF	×	×	×	✓	1	1
	MOV A, direct	(A)←(direct)	E5	×	×	×	✓	2	1
	MOV A, @Ri	(A)←((Ri))	E6, E7	×	×	×	✓	1	1
	MOV A, #data	(A)←data	74	×	×	×	✓	2	1
	MOV Rn, A	(Rn)←(A)	F8~FF	×	×	×	×	1	1
	MOV Rn, direct	(Rn)←(direct)	A8~AF	×	×	×	×	2	2
	MOV Rn, #data	(Rn)←data	78~7F	×	×	×	×	2	1
	MOV direct, A	(direct)←(A)	F5	×	×	×	×	2	1
	MOV direct, Rn	(direct)←(Rn)	88~8F	×	×	×	×	2	2
	MOV direct1, direct2	(direct1)←(direct2)	85	×	×	×	×	3	2
	MOV direct, @Ri	(direct)←((Ri))	86, 87	×	×	×	×	2	2
	MOV direct, #data	(direct)←data	75	×	×	×	×	3	2
	MOV @Ri, A	((Ri))←(A)	F6, F7	×	×	×	×	1	1
	MOV @Ri, direct	((Ri))←(direct)	A6, A7	×	×	×	×	2	2
	MOV @Ri, #data	((Ri))←data	76, 77	×	×	×	×	2	1
	MOV DPTR, #data16	(DPTR)←data16	90	×	×	×	×	3	2
读 ROM	MOVC A, @A+DPTR	(A)←((A)+(DPTR))	93	×	×	×	✓	1	2
	MOVC A, @A+PC	(A)←((A)+(PC))	83	×	×	×	✓	1	2
片外 RAM 传送	MOVX A, @Ri	(A)←((P2)+(Ri))	E2, E3	×	×	×	✓	1	2
	MOVX A, @DPTR	(A)←((DPTR))	E0	×	×	×	✓	1	2
	MOVX @Ri, A	((P2)+(Ri))←(A)	F2, F3	×	×	×	×	1	2
	MOVX @DPTR, A	((DPTR))←(A)	F0	×	×	×	×	1	2

续表

类型	助记符	指令功能	操作码	对PSW影响 CY	AC	OV	P	字节数	执行周期数
堆栈指令	PUSH direct	(SP)←(SP)+1 ((SP))←(direct)	C0	×	×	×	×	2	2
	POP direct	(direct)←((SP)) (SP)←(SP)-1	D0	×	×	×	×	2	2
交换指令	XCH A,Rn	(A)↔(Rn)	C8~CF	×	×	×	√	1	1
	XCH A,direct	(A)↔(direct)	C5	×	×	×	√	2	1
	XCH A,@Ri	(A)↔((Ri))	C6,C7	×	×	×	√	1	1
	XCHD A,@Ri	$(A)_{3\sim0}$↔$(Rn)_{3\sim0}$	D6,D7	×	×	×	√	1	1
	SWAP A	$(A)_{3\sim0}$↔$(A)_{7\sim4}$	C4	×	×	×	√	1	1

表A-2 算术运算类指令(24条)

类型		助记符	指令功能	操作码	对PSW影响 CY	AC	OV	P	字节数	执行周期数
加法	不带CY	ADD A,Rn	(A)←(A)+(Rn)	28~2F	√	√	√	√	1	1
		ADD A,direct	(A)←(A)+(direct)	25	√	√	√	√	2	1
		ADD A,@Ri	(A)←(A)+((Ri))	26,27	√	√	√	√	1	1
		ADD A,#data	(A)←(A)+data	24	√	√	√	√	2	1
	带CY	ADDC A,Rn	(A)←(A)+(Rn)+CY	38~3F	√	√	√	√	1	1
		ADDC A,direct	(A)←(A)+(direct)+CY	35	√	√	√	√	2	1
		ADDC A,@Ri	(A)←(A)+((Ri))+CY	36,37	√	√	√	√	1	1
		ADDC A,#data	(A)←(A)+data+CY	34	√	√	√	√	2	1
减法		SUBB A,Rn	(A)←(A)-(Rn)-CY	98~9F	√	√	√	√	1	1
		SUBB A,direct	(A)←(A)-(direct)-CY	95	√	√	√	√	2	1
		SUBB A,@Ri	(A)←(A)-((Ri))-CY	96,97	√	√	√	√	1	1
		SUBB A,#data	(A)←(A)-data-CY	94	√	√	√	√	2	1
加1指令		INC A	(A)←(A)+1	04	×	×	×	√	1	1
		INC Rn	(Rn)←(Rn)+1	08~0F	×	×	×	×	1	1
		INC direct	(direct)←(direct)+1	05	×	×	×	×	2	1
		INC @Ri	((Ri))←((Ri))+1	06,07	×	×	×	×	1	1
		INC DPTR	(DPTR)←(DPTR)+1	A3	×	×	×	×	1	2

续表

类型	助记符	指令功能	操作码	对PSW影响				字节数	执行周期数
				CY	AC	OV	P		
减1指令	DEC A	(A)←(A)-1	14	×	×	×	✓	1	1
	DEC Rn	(Rn)←(Rn)-1	18~1F	×	×	×	×	1	1
	DEC direct	(direct)←(direct)-1	15	×	×	×	×	2	1
	DEC @Ri	((Ri))←((Ri))-1	16,17	×	×	×	×	1	1
乘法	MUL AB	(B)(A)←(A)×(B)	A4	0	×	✓	✓	1	4
除法	DIV AB	AB←(A)/(B)	84	0	×	✓	✓	1	4
BCD调整	DA A	对A进行十进制调整指令	D4	✓	✓	×	✓	1	1

表 A-3 逻辑操作类指令(24条)

类型	助记符	指令功能	操作码	对PSW影响				字节数	执行周期数
				CY	AC	OV	P		
与	ANL A,Rn	(A)←(A)∧(Rn)	58~5F	X	X	X	✓	1	1
	ANL A,direct	(A)←(A)∧(direct)	55	×	×	×	✓	2	1
	ANL A,@Ri	(A)←(A)∧((Ri))	56,57	×	×	×	✓	2	1
	ANL A,#data	(A)←(A)∧data	54	×	×	×	✓	2	1
	ANL direct,A	(direct)←(direct)∧(A)	52	×	×	×	×	2	1
	ANL direct,#data	(direct)←(direct)∧(data)	53	×	×	×	×	3	2
或	ORL A,Rn	(A)←(A)∨(Rn)	48~4F	×	×	×	✓	1	1
	ORL A,direct	(A)←(A)∨(direct)	45	×	×	×	✓	2	1
	ORL A,@Ri	(A)←(A)∨((Ri))	46,47	×	×	×	✓	1	1
	ORL A,#data	(A)←(A)∨data	44	×	×	×	✓	2	1
	ORL direct,A	(direct)←(direct)∨(A)	42	×	×	×	×	2	1
	ORL direct,#data	(direct)←(direct)∨data	43	×	×	×	×	3	2
异或	XRL A,Rn	(A)←(A)⊕(Rn)	68~6F	×	×	×	✓	1	1
	XRL A,direct	(A)←(A)⊕(direct)	65	×	×	×	✓	2	1
	XRL A,@Ri	(A)←(A)⊕((Ri))	66,67	×	×	×	✓	1	1
	XRL A,#data	(A)←(A)⊕data	64	×	×	×	✓	2	1
	XRL direct,A	(direct)←(direct)⊕(A)	62	×	×	×	×	2	1
	XRL direct,#data	(direct)←(direct)⊕data	63	×	×	×	×	3	2
清0	CLR A	(A)←0	E4	×	×	×	✓	1	1

续表

类型	助记符	指令功能	操作码	对PSW影响 CY	AC	OV	P	字节数	执行周期数
取反	CPL A	(A)←(Ā)	F4	×	×	×	×	1	1
循环移位	RL A	←A7←----←A0←	23	×	×	×	×	1	1
循环移位	RLC A	←Cy←A7←----←A0←	33	✓	×	×	✓	1	1
循环移位	RR A	→A7→----→A0→	03	×	×	×	×	1	1
循环移位	RRC A	→Cy→A7→----→A0→	13	✓	×	×	✓	1	1

表A-4 控制转移类指令(22条)

类型	助记符	指令功能	操作码	对PSW影响 CY	AC	OV	P	字节数	执行周期数
无条件转移 / 子程序调用	ACALL addr11	PC←(PC)+2,SP←(SP)+1 (SP)←(PC)L,SP←(SP)+1 (SP)←(PC)H,PC10~PC0←addr11	&1（注）	×	×	×	×	2	2
无条件转移 / 子程序调用	LCALL addr16	PC←(PC)+3,SP←(SP)+1 (SP)←(PC)L,SP←(SP)+1 (SP)←(PC)H,PC←addr16	12	×	×	×	×	3	2
无条件转移 / 返回	RET	PCH←((SP)),SP←(SP)-1 PCL←((SP)),SP←(SP)-1 子程序返回	22	×	×	×	×	1	2
无条件转移 / 返回	RETI	PCH←((SP)),SP←(SP)-1 PCL←((SP)),SP←(SP)-1 中断返回	32	×	×	×	×	1	2
无条件转移 / 转移类	AJMP addr11	(PC)←(PC)+2 PC10~PC0←addr11 PC15~PC11 不变	&0（注）	×	×	×	×	2	2
无条件转移 / 转移类	LJMP addr16	(PC)←addr16	02	×	×	×	×	3	2
无条件转移 / 转移类	SJMP rel	(PC)←(PC)+2 (PC)←(PC)+rel	80	×	×	×	×	2	2
无条件转移 / 转移类	JMP @A+DPTR	(PC)←(A)+DPTR	73	×	×	×	×	1	2
条件转移	JZ rel	(PC)←(PC)+2 若(A)=0,则(PC)←(PC)+rel	60	×	×	×	×	2	2
条件转移	JNZ rel	(PC)←(PC)+2 若(A)≠0,则(PC)←(PC)+rel	70	×	×	×	×	2	2

续表

类型	助记符	指令功能	操作码	对PSW影响 CY	AC	OV	P	字节数	执行周期数
条件转移	CJNE A,direct,rel	(PC)←(PC)+3 若(A)≠(direct),则(PC)←(PC)+rel	E5	✓	×	×	×	3	2
	CJNE A,#data,rel	(PC)←(PC)+3 若(A)≠data,则(PC)←(PC)+rel	B4	✓	×	×	×	3	2
	CJNE Rn,#data,rel	(PC)←(PC)+3 若(Rn)≠data,则(PC)←(PC)+rel	B8~BF	✓	×	×	×	3	2
	CJNE @Ri,#data,rel	(PC)←(PC)+3 若((Ri))≠data,则(PC)←(PC)+rel	B6,B7	✓	×	×	×	3	2
	DJNZ Rn,rel	(PC)←(PC)+2,(Rn)←(Rn)-1 若(Rn)≠0,则(PC)←(PC)+rel	D8~DF	×	×	×	×	2	2
	DJNZ direct,rel	(PC)←(PC)+2, (direct)←(direct)-1 若(direct)≠0,则PC)←(PC)+rel	D5	×	×	×	×	3	2
	JC rel	若Cy=1,则(PC)←(PC)+2+rel	40	×	×	×	×	2	2
	JNC rel	若Cy=0,则(PC)←(PC)+2+rel	50	×	×	×	×	2	2
	JB bit,rel	若(bit)=1,则(PC)←(PC)+3+rel	20	×	×	×	×	3	2
	JNB bit,rel	若(bit)=0,则(PC)←(PC)+3+rel	30	×	×	×	×	3	2
	JBC bit,rel	若(bit)=1,则(PC)←(PC)+3+rel,(bit)=0	10	✓	×	×	×	3	2
	NOP	空操作	00	×	×	×	×	1	1

注:&1 = $a_{10}a_9a_8$10001B
&0 = $a_{10}a_9a_8$00001B

表 A-5 位操作类指令(12条)

类型	助记符	指令功能	操作码	对PSW影响 CY	AC	OV	P	字节数	执行周期数
清0	CLR C	(C)←0	C3	✓	×	×	✓	1	1
	CLR bit	(bit)←0	C2	×	×	×	✓	2	1
置1	SETB C	(C)←1	D3	✓	×	×	✓	1	1
	SETB bit	(bit)←1	D2	×	×	×	✓	2	1
取反	CPL C	(C)←(/C)	B3	✓	×	×	×	1	1
	CPL bit	(bit)←(/bit)	B2	×	×	×	×	2	1

续表

类型	助记符	指令功能	操作码	对PSW影响				字节数	执行周期数
				CY	AC	OV	P		
与	ANL C,bit	(C)←(C)∧(bit)	82	✓	×	×	×	2	2
	ANL C,/bit	(C)←(C)∧(/bit)	B0	✓	×	×	×	2	2
或	ORL C,bit	(C)←(C)∨(bit)	72	✓	×	×	×	2	2
	ORL C,/bit	(C)←(C)∨(/bit)	A0	✓	×	×	×	2	2
位传送	MOV C,bit	(C)←(bit)	A2	✓	×	×	×	2	1
	MOV bit,C	(bit)←(C)	92	×	×	×	×	2	1

附录 B ASCII 码字符表

ASCII（美国信息交换标准码）字符表

低4位	高3位							
	000 (0H)	001 (1H)	010 (2H)	011 (3H)	100 (4H)	101 (5H)	110 (6H)	111 (7H)
0000(0H)	NUL	DLE	SP	0	@	P	`	p
0001(1H)	SOH	DC1	!	1	A	Q	a	q
0010(2H)	STX	DC2	"	2	B	R	b	r
0011(3H)	ETX	DC3	#	3	C	S	c	s
0100(4H)	EOT	DC4	$	4	D	T	d	t
0101(5H)	ENQ	NAK	%	5	E	U	e	u
0110(6H)	ACK	SYN	&	6	F	V	f	v
0111(7H)	BEL	ETB	'	7	G	W	g	w
1000(8H)	BS	CAN	(	8	H	X	h	x
1001(9H)	HT	EM	)	9	I	Y	i	y
1010(AH)	LF	SUB	*	:	J	Z	j	z
1011(BH)	VT	ESC	+	;	K	[	k	{
1100(CH)	FF	FS	,	<	L	\	l		
1101(DH)	CR	GS	-	=	M	]	m	}
1110(EH)	SO	RS	.	>	N	^	n	~
1111(FH)	SI	US	/	?	O	_	o	DEL

参 考 文 献

1. 张志良. 单片机原理与控制技术[M]. 2版. 北京:机械工业出版社,2011.
2. 邹振春. MCS-51系列单片机原理及接口技术[M]. 北京:机械工业出版社,2006.
3. 周润景,张丽娜. 基于PROTEUS的电路及单片机系统设计与仿真[M]. 2版. 北京:北京航空航天大学出版社,2006.
4. 周润景,袁伟亭,景晓松. Proteus在MCS-51&ARM7系统中的应用百例[M]. 北京:电子工业出版社,2006.
5. 周坚. 单片机项目教程[M]. 北京:北京航空航天大学出版社,2008.
6. 李庭贵. 单片机应用技术及项目化训练[M]. 成都:西南交通大学出版社,2012.
7. 彭伟. 单片机C语言程序设计实训100例:基于8051+Proteus仿真[M]. 2版. 北京:电子工业出版社,2012.
8. 何立民. MCS-51系列单片机应用系统设计——系统配置与接口技术[M]. 北京:北京航空航天大学出版社,2004.